嶺南美食傳奇

Food Stories in South China

梁謀 編著

萬里機構・飲食天地出版社出版

嶺南美食傳奇

編著
梁謀

責任編輯
郭麗眉

插圖
Lam I Wai

攝影
梁謀　阿浩

封面設計
小肥

版面設計
黎品先

出版者
萬里機構・飲食天地出版社
香港鰂魚涌英皇道1065號東達中心1305室
電話：2564 7511　　傳真：2565 5539
網址：http://www.wanlibk.com

發行者
香港聯合書刊物流有限公司
香港新界大埔汀麗路36號中華商務印刷大廈3字樓
電話：2150 2100　　傳真：2407 3062
電郵：info@suplogistics.com.hk

承印者
凸版印刷（香港）有限公司

出版日期
二〇一一年二月第一次印刷

ISBN 978-962-14-4319-9

序言

中華飲食文化源遠流長，已有5000多年的文明史。在這漫長的演變發展的過程中，歷久不衰，內容豐富，異彩紛呈。烹調技藝反映了豐富的歷史文化內涵，體現出博大精深的文化底蘊和高超智慧，美食名菜從民間傳到宮廷官府，再流入民間，遍及全國各地。“食在廣州”的美譽，是嶺南廣府飲食文化的典型代表。

粵菜在秉承傳統並吸取外來飲食文化的精華中不斷發展，逐步形成特色，時至明末清初，已形成粵菜一派繁榮景象。粵人獨有的系列飲食習俗嗜好，如：嘆早茶、食宵夜、嘗海鮮、食小吃、飲靚湯等，成為粵人飲食文化的標記。這些獨特的習俗，促使飲食行業各出奇謀，粵菜融匯古今中外各地飲食特色，不斷創新發展。

粵菜的美食佳餚還承傳著很多優美動人的傳説、典故或動人的故事。使人們品嘗美食時，不僅能感受到動人典故，還有傳説的意境。今天，由民俗專家梁謀先生編著的《嶺南美食傳奇》一書問世，實為可喜可賀。梁謀先生數十年，致力於嶺南民俗文化的挖掘，整理及搶救工作，可謂不遺餘力。近年來，他非常努力，搜集嶺南的美食文化。《嶺南美食傳奇》一書出版，是他辛勞的結晶。該書集知識性、趣味性於一爐，有助讀者對嶺南粵菜的認識，使讀者在品嘗有關菜色時，進一步瞭解嶺南美食文化的博大精深，使人們更回味無窮。祝梁謀先生福壽康寧，希望他有更多好作品問世，謹此為序。

甄文達

（國際知名美食家，世界名廚聯會北美區主席）

目錄

酒家名菜

家常小菜

粥粉麵飯

點心小吃

酒家名菜

燒乳豬

珠江三角洲的人對燒豬情有獨鍾，不論婚嫁、祭祖、賀誕、過年，都少不了燒乳豬或燒肉，取其紅皮赤壯之意。其成品色澤鮮豔，皮脆肉香、入口鬆化，深受食客青睞。

傳說古時有個獵手，平時以獵野豬為生，他的妻子為他生了個兒子，取名為火帝。兒子稍大後，父母每日上山獵豬，兒子在家飼養仔豬。有一天，火帝偶然拾得幾塊火石，便在圈豬的茅棚附近敲打玩耍，忽然火花四濺，茅棚著火，引起一場大火。火帝見茅棚起火，不但不害怕，反而感到開心，驚奇地聽到柴草的劈啪聲和仔豬被燒死時的號叫聲。等豬停止了號叫，火災也自行熄滅了。就在此時，聞所未聞的香味從被燒過的灰燼中飄散而來。火帝撿開雜物，循味探尋，驚奇地發現這誘人的香味發自皮燒焦、肉燒熟的仔豬。那種誘人的色澤，饞人的香氣，早已使火帝垂涎三尺，情不自禁地用手去提豬腿，卻被豬皮表面吱吱作響的油猛燙了一下，他連忙抽回手用舌舔那燙疼的指頭，卻意外地嘗到香美的滋味。

火帝父母狩獵回來，見到豬棚化為灰燼，仔豬全被燒死，正要向火帝問個究竟，卻見他向父親呈獻燒得焦紅油亮異香撲鼻的燒乳豬佳餚。於是父親不

但沒有責備兒子，反而高興得跳了起來。據説，人類最早得知動物燒熟更加美味可口，便是從此開始。

相傳該菜早在西周時期就被列為“八珍”之一，那時稱為“炮豚”。北魏賈思勰在《齊民要術》中也記有烤乳豬的製作方法。説它“色同琥珀，文類真金，入口則消，狀若凌雪，含漿膏潤，特異凡常也。”清康熙時代，曾被選作宮廷名菜，成為“滿漢全席”中的一道主要菜餚。從20世紀30年代到新中國成立後，此菜極為興盛，成廣州聞名中外的特色菜餚。如今番禺賓館及番禺幸福樓酒家的“燒乳豬”也別具特色，深受中外食客的歡迎。

烹調筆錄

1. 乳豬應該挑選奶豬，即小豬還在母豬哺乳的階段，30-45日最理想，肉質鮮嫩，沒有很多脂肪，但仍以母乳為食糧，所以肉質特別鮮嫩幼滑，不肥不膩，一般會以急凍貨為主。
2. 以前的乳豬來源，有中國、泰國、越南，現時以越南貨最多，貨源最穩定，品質亦很優秀。
3. 入味、上皮和燒烤是主要過程，尤以乳豬的燒烤最為重要，因為火力太高而變焦，火力太慢而做不到皮脆肉嫩，保持豐富肉汁。
4. 酒家有大單酒席時，又要確保乳豬質素，會預計時間處理；另一方法是先把乳豬在下午3時後烤至八成熟，待酒席開始，再用明火烤脆豬皮。
5. 乳豬全體有斬件和淨乳豬皮兩種形式上桌。前者因乳豬體形小，太嫩滑沒有豐厚脂肪，所以原隻上桌；後者的乳豬體形略大，便於起皮起肉(起出來的豬殼則多數給主人家取走。)
6. 伴食用的荷葉餅和沙糖都是針對乳豬免不了有點脂肪而設，希望進食時能消除一點肥膩感覺。

美食札記

把乳豬直接以明火燒烤，一般會用手轆技法。初時間中轉動燒豬叉而烤熟豬肉，到了後期則不停轉動燒叉，令乳豬均勻受火，白皮變金黃，掃上含有麥芽糖和白醋的上皮料，經火燒後變成胭脂紅色，有“紅皮赤壯”的寓意，由來是飲宴的必備之選。

古時烤豬的燃料會採用木炭或木柴，火力溫柔均勻，加上樹木的品種不同，蘊含一陣淡淡的天然木香，在燒烤過程中這股香氣會滲入於食物中，創造獨特風味。木炭屬耐火(樹木經燃燒和烘焙後變得耐燒)燃料，大條乾身的，冒煙少，頗適合作燃料。現代人用荔枝柴做燃料，可增加風味，但冒煙多，只能在燒烤後期才用，比較合適。

國內有些食肆至今還是選用木炭或荔枝柴作燒豬燃料，烤爐用紅磚砌成，耐燒，火力集中，燒出的燒味的皮比較甘香酥脆，外脆內軟，肉汁豐盈。

01. 荔枝柴

02. 大條原木炭和弄成小段

03. 燒荔枝柴的陶瓷崗爐與炭灰出口

04. 明火炭烤爐，燒乳豬用的明爐

05. 用木炭作燃料的燒烤爐

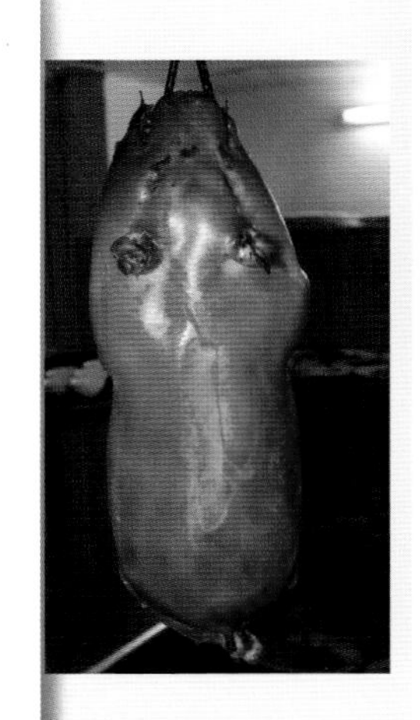

[原來是這樣做]

1. 乳豬洗淨，打豬後即把扇骨、豬手仔、豬腳仔、部份唐骨和後髀瘦肉起出，視為下欄料，供浸、滷、煲湯、燒排骨等。
2. 然後擦上豬仔鹽，吊起讓豬水流出，需時約15分鐘，放下塗抹生豬醬醃片刻，上豬叉，分別用鐵線綁好豬的手腳，洗豬。
3. 放大滾水中，淋遍全身，待豬皮略收緊，用乾淨布抹乾豬身。
4. 抹上上皮料，風乾一日或放烤爐以中火烘乾，需時約30-40分鐘。
5. 放焗爐燒焗至金褐色，需時約45分鐘至1小時，按豬大小而決定燒烤時間。

[材料]

粉漿
乳豬 1隻
（淨豬計3200克）
上皮料..........（約30克）
豬仔鹽........（約114克）
生豬醬........（約114克）

伴食料
乳豬醬............ 2小碟
砂糖 2小碟
荷葉餅/饃饃/薄餅
約...............24-30片
青瓜條.........24-30條
大葱 24-30條

打豬仔

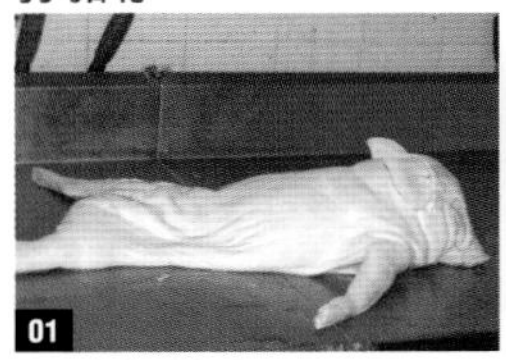
01

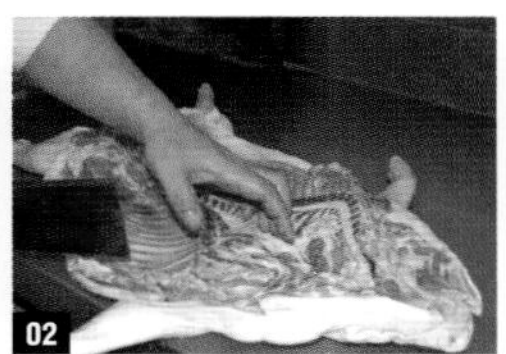
02

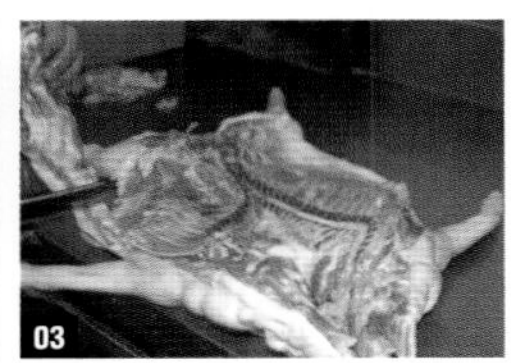
03

入味與裝豬

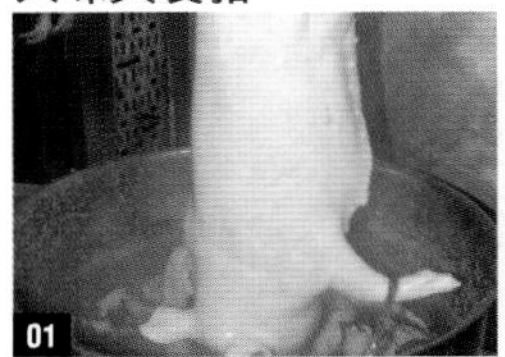
01

02

上皮及烘豬處理

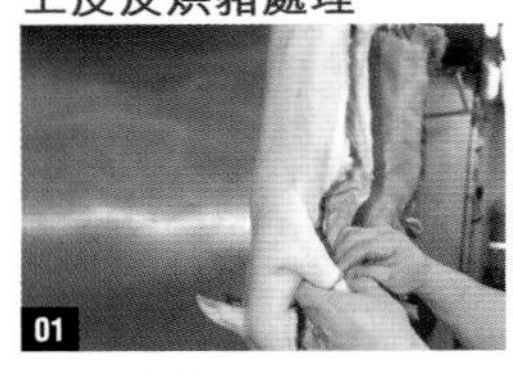
01

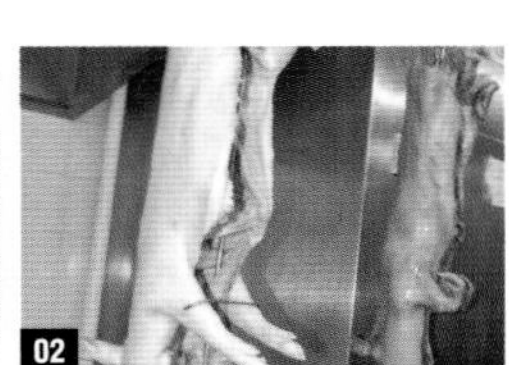
02

燒乳豬處理

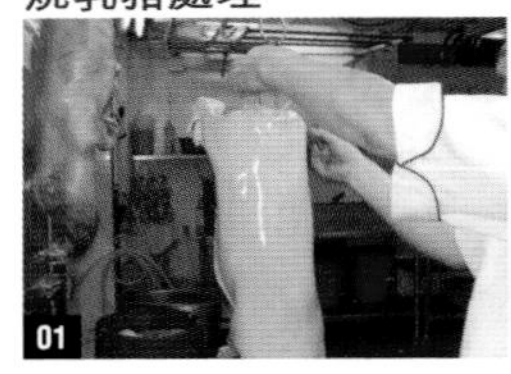
01

02

03

乾隆皇與一品窩

傳説清朝年間，乾隆皇與他的乾兒子周日清微服扮成平民百姓游江南，到了廣州不久，遇著盜賊搶劫，兩父子恃著有些武藝，就和盜賊打起來，怎知寡不敵眾，二人在倉皇逃命中失散了。乾隆皇又累又餓，走到大馬站(如今中山五路)門樓時，支持不住，暈倒在地上。門樓下有兩個乞丐，正在把那些拾來的蕎鬚尾(蕎，廣州蔬菜中的一種)混合著乞來的百家菜餚、剩飯用缽頭煮着，忽聽得門樓外有人倒地的聲音，連忙出去把那人扶進來，叫著："大哥，醒醒。"乾隆皇在昏迷中感到有人呼喚自己，還以為是乾兒子，便叫了一聲"日清"！怎知道其中有一個名叫阿升的乞丐正是這個字的諧音，他好生奇怪，便搖著乾隆皇說："喂，大哥，你為什麼知道我的名字叫阿升的？"乾隆皇睜開眼睛一看，原來是認錯人了。正想站起身走去，忽然有股從未聞過的香味撲面而來，他順著香味看去，見到門角邊有幾塊磚頭砌成的爐子，柴火正旺，上面放著一隻瓦缽，不知在煮什麼。這時，乾隆皇正餓得頭暈眼花，肚子咕咕作響，便站在那裏不想走了。那個叫阿升的乞丐見狀，就問："大哥，你肚子餓嗎？如不嫌棄，就隨便吃些，塞塞肚子吧！"説著就把那缽乞討來的剩飯菜端到乾隆皇的面前。乾隆皇也不客氣，接過來後便狼吞虎咽般吃起來。不一會，這隻缽底便朝天了。

乾隆皇覺得這東西很好吃，便問這是什麼菜式？阿升覺得好笑，隨口答道："這叫大馬站菜——一品窩。"乾隆皇記在心裏，便向兩個乞丐連聲道謝，匆匆走了。

後來，乾隆皇回到京中，珍饈百味也感到吃膩了，忽然想起在廣州大馬站曾吃過的"一品窩"，仿佛還齒頰留香，便命旨御廚師製作"一品窩"。

這回苦煞了這班御廚師了，這道菜連聽也沒聽過，怎麼做呢？大家苦著臉，你看我，我看你，苦無良策。

於是乾隆皇立刻降旨到廣州府，四處張貼皇榜，請當年叫阿升的帶同二人赴京做菜。

廣州知府為升官發財，就格外賣力，親自守候著大馬站附近的皇榜，等待來揭榜的人。

過了幾天，剛好那兩個乞丐走到這裏，見到牆上邊圍著一大堆人，便擠進去打聽，這才得知三年前在大馬站暈倒後，被他們二人救起，並吃過他們煮的"一品窩"的人原來是皇上。現在皇上下旨要他們上京重做此菜。

阿升聽了，不由得偷偷地笑起來，他擠開人群，把皇榜揭了。

一天，乾隆接到廣州府的奏本，心中大喜，馬上傳旨召見。乾隆皇一見兩個乞丐便馬上認出來了。皇上命太監帶他們去換過衣服，叫御廚師再到御廚房做幫手，和兩個乞丐一起準備製作"一品窩"，明天大宴群臣。

到了御廚房，阿升吩咐御廚房所剩下的餘羹菜尾集於一窩。

第二天，兩個乞丐把所有的東西倒在大鍋裏煮，一滾起來，阿升説："這就是皇上當年在廣州吃過的一品窩啦。"

開宴時間到了，文武百官，皇親國戚早早上朝，等吃一品窩。有個説："聽説皇上游江南至羊城時，曾嘗此菜，大為讚賞。現從羊城請來名廚，巧手烹製，我們有此口福，真是三生有幸！正説話間，那些捧菜的太監把"一品窩"捧到桌面上了。第一碗，先敬給乾隆皇，接著是每人一碗，個個都看著乾隆皇，不敢吃，也不敢做聲。就算乾隆皇也覺得不甚了了。心想：此菜確是當年的菜，也是這樣的顏色，這樣的味道，為什麼那時我吃得這樣美味，現在卻覺得不對路呢？啊！是了，乾隆皇這才恍然大悟。俗語説：餓時吃糠甜如蜜，飽時吃米糙如糠。"他見到文武群臣個個愁眉苦臉看著自己，不禁覺得好笑。

乾隆皇看着大家都把"一品窩"吃了，便説："眾位卿家，朕的'一品窩'味道如何？"哪個敢説不好，連忙起來謝恩，口中連説："好，好。"説得乾隆皇哈哈大笑起來。從此，這奇異的"一品窩"便在民間流傳開來了。

1. 中蝦如果用剛死掉的鮮蝦，其鮮味足，但蝦肉容易黏殼，可以放在冰水或置冰箱雪1小時，蝦肉自然容易離殼，肉質爽脆兼有彈力，比用急凍蝦的味道強得多。
2. 花膠揀公膠為好，其肉厚爽口，不黏口，久煮也不會變爛，有嚼勁。浸發花膠可利用浸焗方法，意即把花膠浸軟，用滾水沸滾10分鐘，熄火，待水冷，如是者至腍軟，最後一次，可用薑葱煮片刻，去掉魚腥味。
3. 現代的發花膠方法，可把花膠乾蒸30分鐘或至軟身，再用浸滾法處理，省時省能源，不妨試試。
4. 鴨掌可買生鴨掌回來，放熱油炸透，再上點老抽即上色，但處理時要小心，因為鴨掌會濺油，傷及皮膚。現在有急凍鴨掌，買回來飛水便可用了。
5. 濕生粉，即把適量生粉，放冷水，其比例與生粉份量為雙，待生粉吸收水份，其張力很大，一般廚房會應用，只要在勾芡時下少量便足夠，濃稠度容易調校。
6. 芡汁煮熱後才放材料煮熱也可以，如果想要芡汁有光澤可下少許尾油，增加光亮效果。

一品窩的意念，起源自兩個乞丐把百家菜拼合一起，經烹煮後味道變濃郁，百味爭鳴，卻又彼此調和後引發出另一種味道，甚至將原本的味道提升，產生意想不到的佳味。百家菜的好處，不拘泥於菜餚的粗糙與精緻，又不顧及用料的平貴，只有味道合搭，別有一番風味，所以又可稱百鳥歸巢的菜式。昔日，物資不豐富，只有年節才有好菜餚，但一時之間吃不完，於是也把吃剩的菜餚，混合烹煮，便成自家製一品窩。值得一提，這種菜可能只此一次，下回又做不成，因為菜餚偶有差異，味道便會變不一樣。

酒家做這道菜，為了賣得好價錢，所以一律用上山珍海錯，鮑魚、海參、花膠、瑤柱等更是必備材料，無論選用何種材料，唯一宗旨便是材料能獨具風味，能與別的食材混合，互補不足又能獨當一面。

[原來是這樣做]

1. 中蝦去殼、去頭，挑腸，加入醃料撈勻待片刻，飛水或走油至熟。
2. 帶子解凍，加入醃料撈勻待片刻，沖水，飛水或走油至熟。
3. 熱鑊下油，放少許薑茸、蒜茸爆香，加入鴨掌，下芡汁煮至濃稠。
4. 放入其他材料煮熱，轉放已墊有生菜的鍋內。
5. 排好材料，放上中蝦和帶子，淋上芡汁，上桌。

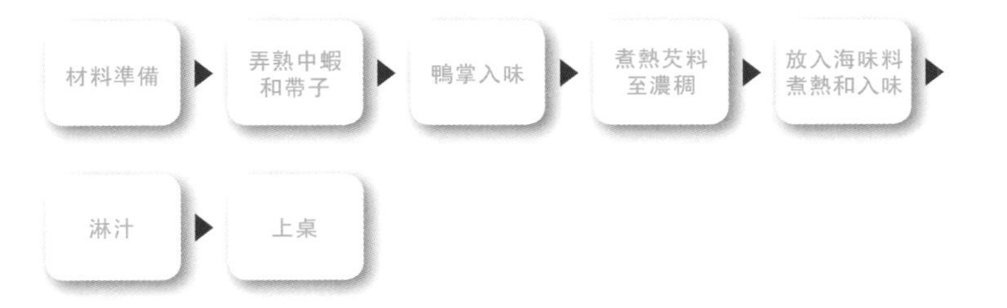

[材料]

花膠 ....6小塊，已煨煮
豬婆參................1條，已煨煮切小塊
花菇 ....6隻，已煨煮
乾瑤柱................6粒，已蒸腍
中蝦 6隻
帶子 6隻
鴨掌 6隻
生菜 ....450克，焯熟墊鍋底

芡汁
上湯1杯.........250毫升
蠔油 2茶匙
濕生粉................2茶匙
鹽 ....½茶匙
糖 1茶匙
老抽 1茶匙

醃料(蝦或帶子)
糖 ....¼茶匙
鹽 ....¼茶匙
生粉 ....½茶匙
蛋白 ....½個
胡椒粉.................少許
小蘇打.....⅛茶匙(帶子)

中國內地的一品窩，以下欄料或粗料作食材造成的民間美食，但港澳或中國大城市的酒家食肆會以書中所述的食譜用料，作為貴價潮流的一品窩。

佛跳牆

廣州南園酒家有一道名菜，叫做“佛跳牆”。

據説明末清初的時候，廣州有位達官貴人，非常講究飲食，家裏專門僱有高級廚師，三天兩頭擺酒設宴。就算是山珍海味，飛禽走獸，御膳佳餚，都不足為奇。這人也真難侍候，真是吃雞蛋要剔骨頭，吃鹹魚要加豉油。總之，日日要換新花樣，否則那張臉板起來，雷劈也不開。

有一天，他又要擺酒設宴了，便把廚師叫去，吩咐説“不要老是那麼幾款舊陳皮，我都吃厭了，這次非得給我搞些新花樣不可！”

這廚師在他家已經好幾年了，什麼拿手好菜都做遍了，怎麼辦呢？想了半天，也沒個主意，唉，乾脆給他來個“一品鍋”！廚師便把廚房裏現有的雞、鴨、魚、肉、參、鮑、燕、翅、羊肉、雞肝、鴨肫、火腿、臘肉、生薑、葱蒜、冬菇、陳皮，腐乳、麵豉，紹酒、薑汁，醬油，統統倒進鍋裏，又煲又燉，足足弄了一個上午。這些本來都是上好的名菜，經過幾個鐘頭的燉煮之後，香味四溢，飄到幾里外。

説來也巧，這官邸的隔壁是一座廟，廟裏和尚平常不吃

菜式點評：
醇濃鮮香，美味四溢，嗅之令人垂涎三尺，舉箸進食，回味再三

葷腥，聞到這特異的香味，一個個垂涎三尺。有個小和尚爬上牆來，四處張望，正好這時廚師走了出來，嚇得他一咕碌從牆上跳了下去。

開宴了，菜一上席，滿室芳香，在座賓客沒有一個不大加讚賞。大家問起這道菜的名字，廚師想起剛才那饞嘴和尚跳牆的情景，脱口説："佛跳牆。"

就這樣，"佛跳牆"的名菜傳出去了。後來，竟成了南園酒家的傳統招牌菜，一直流傳到今天。

1 傳統又高級的湯品，不放味精提升鮮味，挑選海陸空的山珍海錯，諸如鮑魚、金華火腿、老雞、瑤柱、赤肉等食材，這些食材的共通點是含豐富蛋白質，經耐火烹煮後產生氨基酸，它是鮮味的來源，所以湯品含有這些材料，故湯品無需添加味精，鮮味十足，卻原汁原味，齒頰留香。

2 海味物料，經過醃製和乾燥等多個工序，才能耐存，材質比較乾硬。使用前，先浸泡至令其軟身，再配以浸、焗、煮等技法令其膨脹，並以薑葱黃酒焯煮，去掉物料的腥味和海水味，方可繼續其他烹調程序。

3 上等頂湯是用大量老雞、赤肉、排骨、金華火腿、雞腳等以先大滾，後小火熬成清澈沒油脂的純味頂湯。所謂頂湯，意即湯品以食材取出第一次的清湯，以燉湯為主；如果把湯渣注水再次熬煮，稱為二湯，用作煨煮物料，其湯味仍然豐富，只是味道略淡，至於再次翻渣注水熬煮，湯味已變淡了，可給廚房粗用。

4 在煲底墊上一片竹笪，防止物料的膠質排出時黏在底部，變焦燶直接影響到湯品的美味。

原來福建閩菜的首席菜餚是佛跳牆，它選用紹酒罎做子為盛載容器，上窄下闊，頗具特色，全容器連物料的總重量有十多斤重，經烹煮後開封，香氣襲人，湯鮮肉甜，原汁原味，為了讓客人信服真材實料。一般情況下，酒樓會讓侍應先把原盅上桌，當著客人面前開啟罎子，讓他們過目，先以目觀，繼而鼻嗅，再捧回桌旁分食，及後口嚐。由於原罎煲煮，物料經長期燜煮，湯汁變濃稠減少，物料脸軟軟，含豐富膠質，入口啖之，湯汁鮮醇，肉質糜爛酥軟，散發一股天然的海產和肉味，侍應會以個人份量計算，應該為400-500克。

時移世易，酒家會改良尺碼，適應健康飲食潮流，自然就把份量減少，改為小碼佛跳牆，保留一些珍貴物料，如魚翅、花膠、鮑魚、瑤柱和老雞等，當然上等頂湯是少不了。

佛跳牆的鮮味來自物料中的多種不同蛋白質和氨基酸，放在一起烹煮加熱而產生化學反應，鮮味便自然出現，罎面密封，香氣不易散發，保留於罎中，所以香味特別濃郁。

佛跳牆用的紹興酒罎，罎口窄，罎腹深，香味不易流失。現代人用來盛載佛跳牆的窩，直身容量大(見19頁右下圖)，材質耐煮。

[材料]

魚翅 .... 500克，已煨煮
花膠 .... 300克，已煨煮
鮑魚 .... 6-8隻，已煨煮
海參 .... 1條，已煨煮
冬菇 .... 10隻，浸軟去蒂
大粒瑤柱 .... 10粒，已煨煮
老雞 .... ½隻，飛水
老鴨 .... ½隻，飛水
赤肉 .... 600克，飛水
金華火腿 40克
鹿蹄筋 ..... 300克，飛水
雞腳 .... 10隻，飛水
生薑 3-4片
淮山 5-6片
元肉 10-12粒
杞子 1湯匙
上湯 3-4公升

[原來是這樣做]

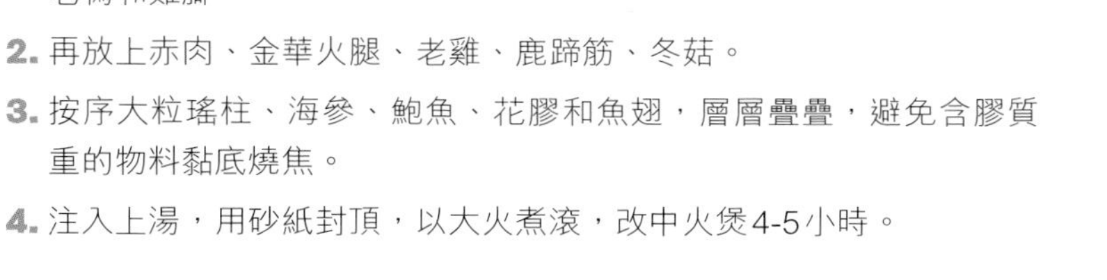

1. 預備一大煲，先放上一片竹笪墊底，再加入淮山、元肉、杞子、生薑、老鴨和雞腳。
2. 再放上赤肉、金華火腿、老雞、鹿蹄筋、冬菇。
3. 按序大粒瑤柱、海參、鮑魚、花膠和魚翅，層層疊疊，避免含膠質重的物料黏底燒焦。
4. 注入上湯，用砂紙封頂，以大火煮滾，改中火煲4-5小時。

赤肉

雞腳

鮑魚

海參

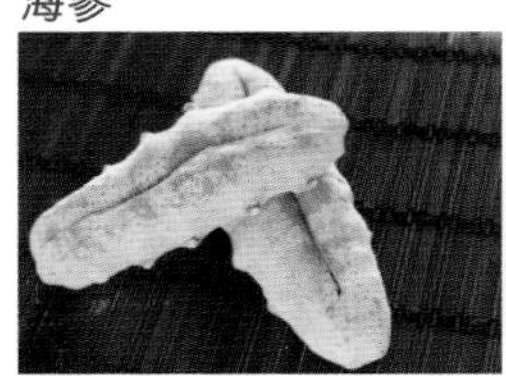

花膠

魚翅

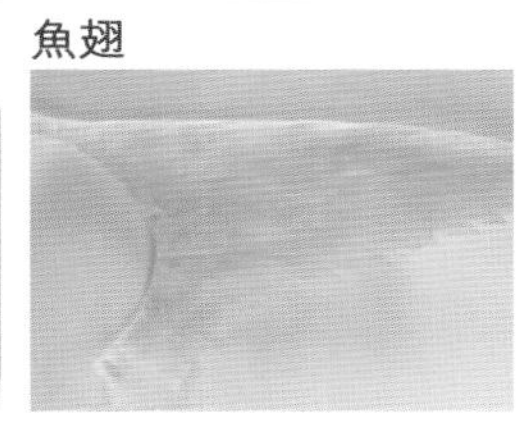

蹄筋

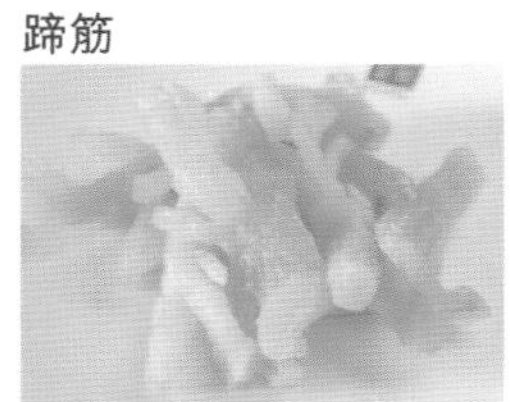

江瑤柱

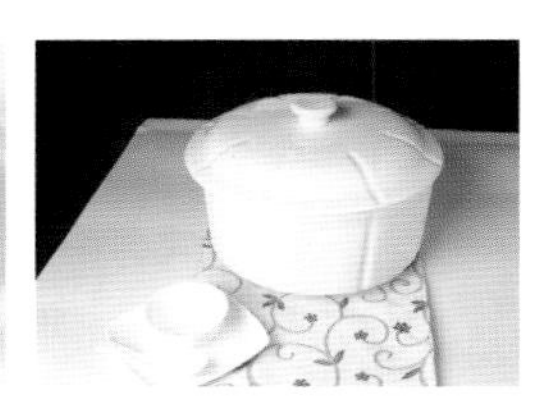

物料進行浸發或飛水過程 ▶ 海味乾貨類入味煨煮 ▶ 煲底墊竹笪 ▶ 按序放入材料，以藥材、肉類、海味和上湯 ▶ 上火煲湯

東江鹽焗雞

從前廣州粵菜只有三大流派：廣府、潮州、客家(東江)，其中東江菜館數量很少。東江菜又名為客家菜，是以東江流域為中心的地方菜系，其特點是主料突出，多用家禽三鳥為主料，烹調方法樸實大方。客家源自中原，故客家菜也保持了中原地區的淳厚之風。特點是：落油較重，味偏於濃郁，這與客家人主要聚居在自然環境較為惡劣、物種資源相對貧乏的山區有很大關係。當年，廣州馳名的東江菜館，寧昌館最初是設在城隍廟前(今稱忠佑大街)，主營各種客家傳統菜式。寧昌館始創於1946年，它保持了傳統的東江風味，因而得到在穗客籍人以及廣大食客的青睞，名聲不脛而走。其創製的“東江鹽焗雞”更是趨之者眾，一時無雙。關於“鹽焗雞”的由來，有一段傳說：“南宋末年，蒙古大舉入侵中原，漢人紛紛南下逃難。適逢除夕，正當漢人準備過年之際，傳來蒙古人即將殺到的消息。大家猶如驚弓之鳥，急急忙忙把已經煮熟的菜餚放進行李之中逃命，一直狂奔，走了一日一夜，見敵兵沒有追來，才敢停下歇息。大家找出行李中的飯菜來充饑的時候，才發現天氣太熱，飯菜都已變質味餿，不能食用，而其中之一戶人家的瓦罐中的雞卻香味四溢。原來在匆忙逃難時，他將煮熟的雞放在瓦罐內，將廚房的食鹽、香料、沙薑等味料統統倒入罐中，所以，雞不但不變質，反而美味可口。於是，人們稱它為"鹽焗雞"。後來，寧昌館的廚師，根據古法製作的"鹽焗雞"加以改進，增加配料，用上湯浸熟，然後拆骨起肉放進沙薑味料撈勻上碟。既保持鹽焗雞的風味，又兼有皮爽肉滑口感極佳。從此，"東江鹽焗雞"聲名遠播，成為粵東名菜，深受廣大食客歡迎，因而寧昌館曾享譽羊城，盛極一時。如各位食客想品嘗正宗鹽焗雞，就可到廣州市東江飯店了。

1 新鮮沙薑，香味清淡，味道不如沙薑粉濃郁，所以人們會愛用沙薑粉，喜其味道集中，但改用新沙薑，味道雖然淡了一點，但勝在有新鮮的味道，湯底不會混濁。

2 昔日，酒樓做雞的菜式，多用鮮宰雞，味道鮮美，雞肉嫩滑細緻，遇上走地雞，肉質結實，雞味濃。然而經過多次出現禽流感疫症，所以港澳兩地的活雞變少，集中用了冰鮮雞，味道和肉質感覺是差了一點，但勝在貨源穩定，符合營運成本，加上有上湯和高超的烹調技術，味道也不輸活雞。

3 雞肺必須徹底取清，否則雞浸了很長時間，仍然不會熟透，所以就算買回來的光雞，也要用鹽擦抹，可增強雞肉鮮味，把內臟完全取走，確保雞能完全熟透。

4 浸雞的時間拿捏要準確，多一分令雞肉太熟變韌，少一分雞肉又未能熟透，必須測試清楚。

5 用浸泡方法處理，好處是整隻雞在均勻受熱下弄熟，不會因為熱力不勻而邊熟邊不熟，但儘管雞肉全熟，雞骨仍會保持血紅而未熟，只要不咬破雞骨，雞肉離骨，按廚師的經驗是可接受。至於，人們堅持要把雞骨弄熟，那麼，雞肉相對地變粗糙，味如嚼蠟，但就切合食物安全。為了避免食客不安，可把雞骨去掉便可。

在香港，每提起鹽焗雞就會聯想到燒臘店門前的鐵鑊炒鹽，那大鑊盛滿炒至焦香的粗海鹽，間中出現一些雜質雜草，不是頂純正，為了增加香味，會放上數粒八角，當鹽炒得熱烘烘時，就會出現陣陣鹽香，還附有一點海水味道。放眼望去，在鐵鍋裡，油淋淋的肥雞均勻地列陣排列，甚有氣勢，然而在白臘光紙下黃澄澄的雞皮，若隱若現，整張紙頓時變透明，一目瞭然，讓人垂涎。用鐵鍋炒鹽，好處是傳熱快，但不耐燒，容易變生銹兼穿底，炒過鹽的鐵鍋，不能再用，只能掉棄。

炒鹽焗雞，要讓雞能吸收鹽香，又不能過鹹，頗花心思，因為要先把雞處理後，用白臘紙裹雞，使鹽味不易滲入雞內，利用高溫鹽把雞由生變熟，風味十足。但有利便有弊，因為紙張不易透氣，相對地鹽香不易滲入雞內，風味自然減少，所以以前人們做鹽焗雞會選用砂鍋，高溫耐熱，溫度不易散失，選用紙扎舖的疏孔紗紙包雞，只要多包幾張，可防止雞吸入太多鹽份，變得太鹹，不能入口。

[材料]

光雞 1隻
（淨計約1500克）
葱 1條
乾葱頭 ..... 6粒，略拍
上湯 3-4公升
香葉 3片
新鮮沙薑 ...... 40克，
（切片）
紗紙 2-3張

醃料
新鮮沙薑茸 1茶匙
鹽 1茶匙

[原來是這樣做]

1. 醃料撈勻，備用
2. 光雞洗淨，徹底去掉雞胸裡的內臟，尤其是雞肺，放入醃料塗抹全身內外。
3. 上湯加入香葉、新鮮沙薑片、葱和乾葱頭煮沸，煲約10分鐘。
4. 放入光雞，以小火浸雞約20分鐘，以全身浸入上湯為準。
5. 取出鮮雞，用針刺入雞腿，沒有血水流出，只見清澈汁液，表示雞熟透，方可取出。
6. 此時，可放入冰水過冷，令雞皮因冷縮熱脹，表面膠質被去掉，雞皮變爽脆，或是原隻雞直企，讓雞水流出，味道集中，待冷切件。

醃雞

紙包雞

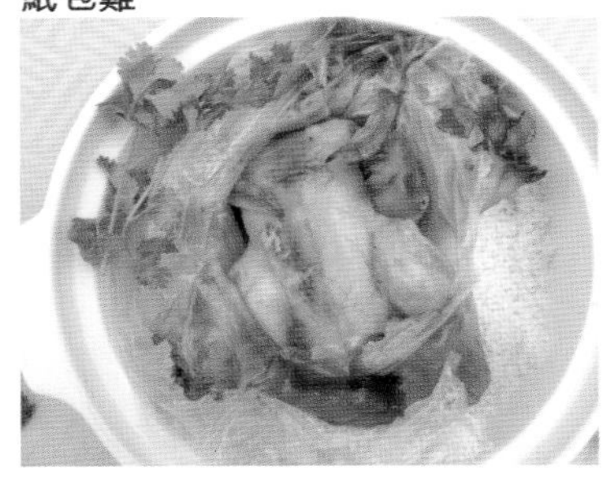

菜式點評：
荷香飄逸，香氣撲鼻，
雞肉鮮嫩糜爛，
味道層次豐富，
韻味甚長，色澤艷麗，
輕易用筷子撕開，
肉纖維分明

乞兒雞

廣州有一種雞的做法，是將帶毛之雞以黃泥包裹，放在火炭中燒熟，然後剝開黃泥，再用鹽油薑葱調味作料。

這種雞香氣透骨，風味獨特，據説源於西關華林寺關帝廟的乞兒，叫做“乞兒雞”。

當年，有一個丐幫“大骨”，擅於偷雞摸狗，諢號“大骨雞”，又名“大吉雞”。

一天，他在附近偷了人家的雞回來，正欲烹煮，不料別人尋上門來，急得他頭上直冒汗，不知如何是好。

這時，大骨雞眼睛亂轉，忽見旁邊有一堆黃泥，急中生智，忙將雞頭一擰，再取黃泥把雞包住。

但大骨雞還是不知將雞藏在何處為妙；突然看見一個小乞兒正在焗飯，炭火焰焰，於是上前撥開炭火，將泥雞藏在裏面，不露半點痕跡，這才鬆了口氣。

隨着“咚咚”的腳步聲，失主尋了過來，又斥又罵，説是乞兒一來，隨即不見了雞；若非乞兒偷了，雞絕不會不見。乞兒們卻一口咬定沒偷。

口説無憑。那人無奈，只好捉賊拿贓，先在四周東尋西找，但又如何尋得着？

忽然，他走近火炭火邊。大骨雞的心頓時七上八下。那人揭開架上的鍋，但見殘羹剩飯，並無半點雞渣；最後，只得憤憤離去。他做夢也沒想到，雞就在他的眼皮底下。

失主一走，大骨雞哈哈大笑，立刻撥開火堆，將泥雞取出，一掰開黃泥：哇，香味撲鼻。

大骨雞將泥皮去淨，剝開雞肚，除去內腸，撕開十數塊，見者有份大吃起來。

誰知失主回頭過來再找，正好看到一班乞兒在津津有味地啃雞，不由大怒而罵。大骨雞不慌不忙地吐出一塊雞骨頭，嘲笑他說："喂，大佬，銀紙有乜識認，難道有鬍鬚就是你老豆(父親)咩！"

那人頓時面紅耳赤，啞口無語。

事過數日，那人終於知道乞兒用黃泥包了自已的雞烤着吃，但空口無憑，只好作罷。

此事傳到坊間，有位飯店的老闆受此啟發，靈機一動，創製出一道招牌菜，名為"乞兒雞"，並受食客讚賞。從此，傳遍南、番、順一帶，成為嶺南名菜。如今，佛山市順德區有一飯店，所製作的"乞兒雞"別有風味。還有番禺區沙頭街橫江萬年山莊的"香草乞兒雞"，香滑可口，更具特色，客官可前往品嘗。

1 常熟虞山的三黃草雞，屬土雞，其毛、皮和腳嘴均呈黃色，以前成熟的雛雞，肉質肥美鮮嫩，雌雞要比雄雞好，因為雞身渾圓肉厚，骨軟纖細，皮下脂肪多而濃香，所以肉質特別嫩滑細緻。

2 新鮮荷葉入饌，味道鮮香但香氣不足，卻別有風味；採用乾荷葉，因經乾燥過程，所以香氣集中又濃郁，四時皆有，泰國的乾香葉，品質不錯。

3 長時間烤焗雞肉，雞肉會變脸軟糜爛，嚼勁變小，但入口又別一番滋味。

4 烤雞時，可先大火一段時間，改中火烤一段長時，到了後期則用低火烤一段長時間，頗花心思，但只要有耐性，效果十分滿意。不同時段動用不同火力，雞肉會因熱度改變而變質，肉質更加糜爛，入口酥化。

5 烤雞期間，約半小時翻身一次，讓全雞均勻受熱，確保全熟。

乞兒雞的名字頗多，道聽途說，不同版本的故事多了，自然其名字亦隨之改變。做乞兒雞最具盛名的，莫如常熟，及後因廚師把這道菜引進杭州，便成當地名菜。然而又因其它的製法奇特，以塘泥封口，所以又名為“黃泥煨雞”，又因傳説它是由一名叫化子誤撞弄成，又稱為“叫化雞”，但因衛生和食物安全的考慮，不會把雞毛不拔，封泥上火烤焗，反而用了一片荷葉裹雞，這樣雞就能去毛洗淨，多了荷葉的包裹，除了確保雞在合符衛生的情況下進行，還添加了一陣荷香味道，提升雞肉鮮味。

[原來是這樣做]

1. 三黃雞挖去內臟，清洗乾淨，抹乾水份，撈勻抹雞身料，並在雞身內外塗抹備用。
2. 熱鑊下油，放入香料爆香，下塞雞肚材料炒透，灒酒，加入調味炒勻，盛起。
3. 把已炒的塞雞料放進雞肚內，用牙籤封口。
4. 焗餅紙掃上一層生油，放上光雞，包好，再裹上荷葉包好，用棉繩綁好。
5. 塘泥與清水調濕，按壓在荷葉上，放入已預熱的焗爐，用250℃焗3小時。
6. 享用前，取出雞，用鎚敲碎，去掉塘泥、荷葉和焗餅紙，便可手撕或切件。

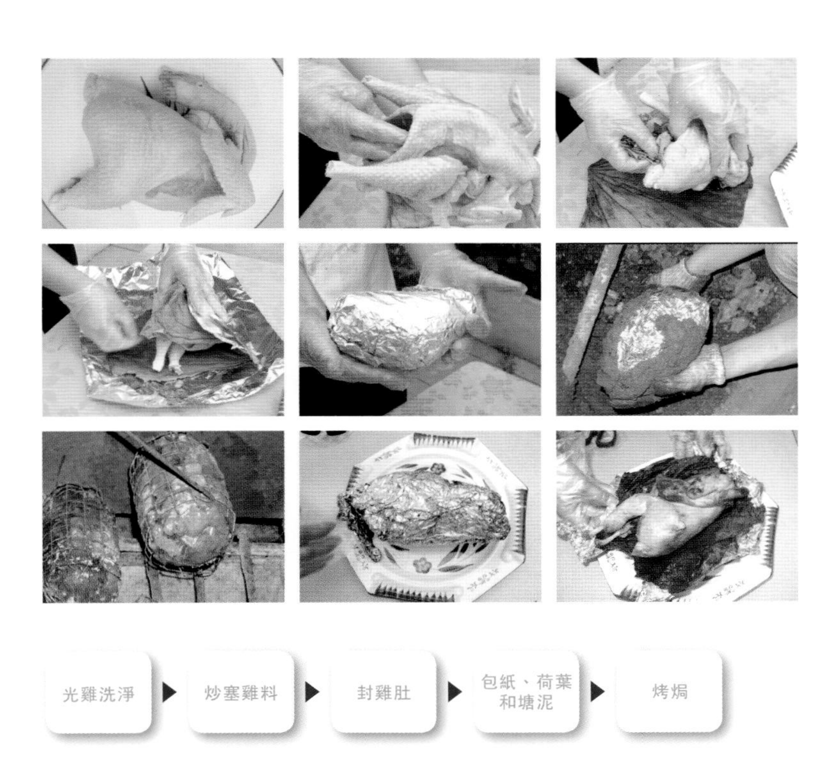

光雞洗淨 ▶ 炒塞雞料 ▶ 封雞肚 ▶ 包紙、荷葉和塘泥 ▶ 烤焗

[材料]

三黃光雞............1隻（約1800克）
焗餅紙................1張（60厘米 x 60厘米）
大荷葉................1片
塘泥 ....2-3斤，包裹雞身用
棉繩 1條

塞雞肚

木耳絲... 40克，浸發
冬菇 ...... 40克，浸發
瘦肉絲..............60克
筍絲 ...... 40克，飛水
紅棗 .....5-6粒，切絲
丁香 3-4粒
八角 2粒
香葉 1片
生薑 2-3片
乾葱頭.............4-5粒

調味

紹興酒............ 2茶匙
海鹽 1茶匙
糖 2茶匙
生粉 1茶匙
清水 2茶匙

抹雞身

老抽 2茶匙
紹興酒............ 2茶匙
海鹽 2茶匙

太爺雞

"太爺雞"又名為"茶香雞"，是廣州正宗名菜，也是一款已走向世界的中華美食。

傳說：清末有個江蘇人周桂生被任命去廣東省當縣官，誰知剛上任幾天，辛亥革命推翻了滿清王朝。周桂生失了業，全家人生活發生了困難。他便動起腦筋，將江蘇風味的鹵雞和廣州風味的熏雞"合二而一"，經過幾次反複調製，終於做出別有一番風味的鹵熏雞。當時稱為"廣州鹵熏雞"。"周生記鹵熏雞"招牌掛出後，人們爭先前來品嘗，都説味道不錯，真是"開門大吉"。知道周記老闆底細的朋友，有意捧場，當眾介紹周某實為新會縣七品芝麻官——縣太爺。當日的"縣太爺"極有風采，引起了食客們極大興趣，前來購買鹵熏雞的人越來越多，從此，周桂生的生意興盛起來，響遍了整個廣州。因為人們知道其烹製者原來是一位縣太爺，便改稱為"太爺雞"。後來周桂生之子周照軒承繼父業，在中國香港開了一家專售太爺雞的酒樓。從此，中國港、澳和南洋華僑美食家沒有不知道"太爺雞"的美名。因為製作"太爺雞"少不了粵人喜愛的水仙茶葉，故而太爺雞又叫"茶香雞"。於20世紀80年代中國和英國合拍了一部《中國人》系列電視片，廣泛地向世界各國介紹中華文明的輝煌，其間英國電視台專門到廣州實地拍攝了"太爺雞"的製售情況，使得"太爺雞"美名傳遍五大洲。

坊間以滷雞馳名的店舖頗多，各領風騷，互爭一日之長短。別看只是一隻簡單不過的滷雞，它的滷汁卻是贏得市場、口碑和名聲的關鍵。滷汁的香料配坊因各人喜好，大相徑庭，差異頗多，一般食肆會自行調配，由於滷浸食物多了，每次在浸泡食物時都會遺留一些原始味道，日積月累，滷汁會變濃稠帶膠質，味道層次更見豐盈，所以切記每次滷食物時，需要添加上湯或清水調稀，並重新添加一點香料，保持滷汁的香味和稀濃度，因為香料會隨加熱過程而令香味散失。至於家庭式做法，就可購買現售滷汁作基礎，按需要加入個人喜愛香料，做出獨特風味。在添加香料時，份量不要下太多，否則會有弄巧成拙的後果，玫瑰露酒屬家庭滷汁的靈魂，味道真的很捧。潮式滷汁味偏鹹；港式滷汁味偏甜，就個人喜歡便好。

1. 滷水用的酒為烈酒，含高酒精，約達30-40度以上，而酒精的特質愛熱後容易揮發，故在最後加熱，讓酒精散去，留下酒的醇香於滷水，增強風味。
2. 冰糖在滷水的作用有調和和滋潤滷汁的味道，當糖溶掉後會遺留一股甜香。
3. 不同香料組合會令滷汁變化，可按個人喜好而增加或刪減香料。
4. 滷雞與浸雞如出一徹，都是運用了以均勻受熱的烹調原理處理雞材料，為了確保全雞受熱均勻，故需要進行掟水的程序，令到雞膛和雞外表的溫度差不多，才能做出效果。
5. 雞的大小尺碼，會直接影響到浸泡時間，需要自行調節，一般情況，淨重1500克的光雞需時約20-22分鐘，亦要視乎雞形和雞身的厚薄。
6. 以前浸雞會先煮沸浸水，放雞掟水，待滾沸後熄火浸，但鑑於食物安全下的大原則，以及食肆實務運作，大多採用了先煮沸後以極微火加熱浸煮，雞肉保持幼嫩。
7. 煙熏時會產生大量白煙，這是正常的現象。
8. 煙熏時間不宜過久，否則製品會出現苦澀和焦燶味道，所以其色澤足便可。

[原來是這樣做]

1. 滷水料除汾酒或玫瑰露酒外，全部放進大煲內以大火煮滾，轉中火熬煮30-40分鐘，最後加入酒煮滾，熄火。
2. 光雞去除內臟，洗淨，放進已煮沸的滷水煮掟水三次，即把雞完全浸入，取起，倒掉所有雞膛內的水份，如是煮共做三次。
3. 然後放進雞以微火浸煮20-25分鐘至雞熟，取出稍涼，備用。
4. 在鑊預先墊一片錫紙，按序放進熏料和滷雞，開火燒至熏料冒出白煙，需時約2-3分鐘，揭蓋察看色澤是否足夠，如色澤不足，可多熏1分鐘，取出即可。

滷水料

滷水汁

燻料

[材料]

鮮雞 ... 1隻（約1800克）

滷水盆：

花椒 1茶匙
丁香 4-6粒
八角 3-4粒
草果 6粒
桂皮 2條
陳皮 1片
甘草 4片
香葉 3-4片
沙薑 15克
紅麴米 10克
羅漢果 .... ¼個
冰糖 20克
雞粉 10克
醬油 300克
上湯 1500克
汾酒／玫瑰露酒75克，後下

燻料：

水仙茶葉 20克
菊花 10克
砂糖 40克
薑 3片
葱 4條

菜式點評：
皮脆肉嫩，色澤嫣紅，
雞身飽滿，上色均勻，
雞皮不易變軟瀉水

脆皮雞

“脆皮雞”又稱“脆皮炸子雞”，是廣州名饌，也是廣州“大同酒家”的絕活佳餚。

廣州“大同酒家”原名“廣州酒家”，1946年由茶樓大王譚杰買下後改名。解放前這裏一直是政府要人、巨賈豪紳出入之地，也是蔣家王朝、四大家族經常聚會之處，而且名廚雲集，烹飪堪稱一流，特別是“脆皮雞”是該店的名品，不同尋常。一般烹製炸雞在白鹵水中煮到剛熟時，便塗上了麥芽糖糖漿，晾乾後再油炸，自然皮脆、內鮮、骨香，而且鮮中帶香，脆中有滑爽的特殊口感；後來又在麥芽糖裏加入白醋，效果更佳，雞皮不回軟，就是陰雨天氣，炸出的雞皮仍然很脆。這種絕活從創始至今傾倒了無數食客。因此，“大同酒家”的脆皮雞以其特色進入粵菜名餚譜之後，經久不衰。

1. 雞皮要完全風乾，方可澆油，否則雞皮會不脆，很快回潮。
2. 雞皮的嫣紅色澤來自上皮料的浙醋，以及蜜芽糖的成份，糖份越重，顏色也相對比較深，因為會搶色和搶火，導致雞未熟而顏色過深。
3. 一般食肆會在宴席前，先把雞油炸至八成熟，待真正上菜時再澆油一次，確保雞肉熟透、色澤金黃和溫度回熱。
4. 上雞皮時，必須確保任何部位均佔有上皮料，要是這個過程做不好，雞在澆皮時會上不到顏色，影響外觀。
5. 可用竹籤試插雞的厚身部位如雞髀，然後抽出竹籤，一道清澈金黃的雞汁會從此處流出，不帶任何雜質，表示雞已全熟。但在不熟的情況下，雞汁會混雜鮮紅色澤，表示雞肉未熟，繼續澆油。
6. 炸雞剛完成後，不要立即用刀斬，因為雞皮會在冷縮熱脹下收縮，斬下的雞件皮會即時收縮不美觀，所以師傅們會待1-2分鐘讓雞溫度均衡，才開始下刀斬雞。

油炸與澆油均屬中國烹調技法之一，烹飪原理大同小異，成效看似相若。細意察看，兩者的烹調效果卻有顯著不同。前者把雞浸泡在大滾油中，令雞的內外同時受熱，而雞表面的水份會立即被熱油升溫而蒸發，變得乾燥，顏色會容易轉變，其烹調過程快速，需時略短。後者的烹調方法，利用滾油不斷澆在雞皮上，而油溫的熱力只從表面慢慢滲透至雞內，還要配合師傅的經驗和判斷力，方可把雞肉從生變熟，由於整個過程都是緩慢地受熱，雞肉會比較嫩滑細緻，不覺粗糙，而且牠的色澤因由專人處理照顧，所以脆皮雞的色澤特別均勻，但卻不符合成本控制，所以現今食肆絕不會採用這方法，只會先把光雞入味、上皮、風乾，再用油炸至八成熟，置放一旁，然後才用澆油方法上色，製造效果。

做脆皮雞時，選用雞項、芝麻雞或雲英雞比較適合，因為容易處理和弄熟，雞肉嫩滑，雞骨柔軟。

傳統式炸雞的擺設，會以蝦片伴碟，討小朋友開心，還會配上一些翠綠蔬菜點綴，讓菜式討喜和熱鬧。

[材料]

光雞 ………………… 1隻
（1500-1800克）

醃料：
薑汁 ……………… 1茶匙
鹽 ………………… 1湯匙
糖 ………………… 1湯匙
味精 ……………… ½茶匙
五香粉 …………… ¼茶匙
金蒜 ……………… 1茶匙

上皮料：
沸水 ……………… 150克
麥芽糖 …………… 38克
浙醋 ……………… 1湯匙
紹興酒 …………… 2茶匙

[原來是這樣做]

1. 光雞挖去內臟和肥膏，即油脂，洗淨，放入滾沸水中汆水，撈出，然後將醃料塗抹在雞膛外，清洗雞的表皮。
2. 上皮料拌勻，放在熱水中坐融，均勻地淋在雞皮上數次，吊掛雞於高處風乾4小時，期間不能觸摸，避免留下指印，令雞皮不能上色。
3. 燒油一鍋至冒煙，用手鉤執雞，另以湯勺把油澆在雞身，直至雞皮變色和變脆，確保雞全熟，需時約25 - 28分鐘。

喜鳳皇芝麻雞

"喜鳳皇(凰)芝麻雞"是南漢年間的宮廷名菜，又是南漢皇每年舉行"紅雲宴"中的一道吉祥菜。由於它造型奇特，選料上乘，口感鮮香，贏得群臣讚賞，後來演變成粵菜的佳餚。

相傳，南漢皇每年在荔熟蟬鳴時，喜歡在"昌華苑"(北亭洲，現小谷圍大學城)，舉行一年一度的宮廷宴，宴請朝廷文武百官品嘗嶺南香荔及佳餚。這使內宮侍衛忙個不停。有一天，素來平靜的"昌華苑"上空，發出百鳥齊鳴的悦耳之聲，充滿了吉祥喜氣，熱鬧非凡，引來過往文武百官駐足觀賞。人們疑惑這是怎麼回事呢？原來這是後宮主管挖空心思為討皇上的歡心，不惜代價，派人到民間搜羅了許多珍貴飛禽，事先經過馴化試飛後，才形成了如此奇特壯觀情景。皇后聽了這事，對"百鳥齊鳴"產生了濃厚的興趣，表示十分滿意，又提出能否為"紅雲宴"設法做一道有彩頭的菜式，令皇上高興。主管立即行事，下去找御膳房廚師傳達了皇后懿旨，下令要廚師為"紅雲宴"創造一道彩頭好的菜式，做得好重重有賞，做不好人頭落地。一時間御廚們如臨大陣七嘴八舌地提出各種製作方案。俗語云：無雞不成宴，雞為家鳳，決定抓住"雞"來做文章。於是，後宮主管決定立即試製，他還親臨御膳房監督。經過一番精心準備，只見一位大御廚精心挑選，一隻鮮嫩的"芝麻雞"雞項(母雞)，開膛破肚取出內臟，將胸骨用力拍平，將雞翅別起來放入上湯煨煮。此外，再用香菇條和火腿條擺成母雞翅膀，經過一番精心擺盤裝點，只見一隻雍容華貴的貌似鳳凰的芝麻雞高昂着頭，目無旁顧地穩坐食盤中央，整個造型美觀好看極了，而且肉質嫩滑，鮮味可口，色、香、味、美齊全。主管非常滿意，立即將試製情況稟報皇后，皇后大喜，並詢問主管：此道新菜叫什麼名稱？主管忙上前叩請道："奴才正想敬請皇后賜名。"皇后思考片刻後説："雞為家鳳，又因逢喜事，那就叫'喜鳳凰'好嗎？"後來，她又想了片刻，問主管此菜用何雞製作？主管忙稟告："是用優質'芝麻雞'製作。"皇后説："既然是用'芝麻雞'製作，那就叫'喜鳳凰芝麻雞'吧！"後來在南漢皇舉行"紅雲宴"的當天，文武百官吃這道新鮮菜餚時，個個讚不絕口。南漢皇鄭重其事向群臣介紹，那道新出菜餚，是愛后親自監製的名菜"喜鳳凰芝麻雞"。當天，珍禽異鳥凌空飛翔，百鳥齊鳴是吉祥之兆。喜鳳凰更添瑞象。南漢皇大喜，"紅雲宴"高潮迭起。後來，"喜鳳凰"傳到民間，乃因南漢皇"紅雲宴"而起，就把鳳凰的"凰"改為皇帝的"皇"成為"喜鳳皇"了。"喜鳳皇芝麻雞"的雞品種優良，肉嫩鮮美，一直流傳，成為當今的名優產品。如要品嘗"喜鳳皇芝麻雞"可到番禺賓館、全興酒樓食肆，即可領略其特色風味。

1. 出色的浸雞，雞皮不破損，皮光肉滑，色澤深黃，肉軟骨酥，雞形優美。
2. 浸雞時因四周內外同時受熱，雞皮會比較脸軟不堅挺，但撈起後立即浸入冰水，溫度相差很大，雞皮表面脂肪會因降溫而灑落在冰水表面，加上冷縮熱脹，雞皮立時變得堅硬晶瑩，皮下脂肪迅速凝結，皮與肉特別滑嫩。
3. 此時，必須把雞膛內的汁水倒出，雞身直立，讓全身雞水因地深吸力而下墜流瀉，並令雞皮因風吹表面而變乾，待雞皮緊封雞肉，味道更集中，雞味更濃。
4. 享用時，可先把貴妃汁煮熱，不斷在雞身澆淋，直至雞肉變熱便可。
5. 建議吃前才斬雞，肉質更鮮美；為了方便老人小孩享用，不妨利用手撕雞肉，風味更獨特，可伴上湯粉皮、糖醋蘿蔔絲或青瓜絲，甚至只是加點葱油，味道也很好。

喜鳳凰芝麻雞是清遠的優質雞種，當地順口溜為「一麻、二細、三黃、四短」，概括了其毛色麻黃，雞嘴巴和身子纖細，嘴、腳和皮等三部位呈黃色，並因嘴、腳、頸項和生命短暫而稱為四短。換句話説，其特徵以嘴黃、雞皮黃、毛色黃帶麻點、腳黃的三黃麻雞才算得上正宗。由於牠們以自由走動放養的方法飼養，飼養期長最少150天才成熟，其雞頭和身體均細小，腳纖細，後身較圓大，一般體重約1200-1500克，肉質鮮滑結實，骨軟酥香。

特是優質雞種，適合任何烹調方法，如浸、蒸、炒、燉、炸、焗等。

最佳食用方法是白切雞，即浸或蒸。雞經宰殺後吊乾，然後放入微開水中以慢火浸煮至剛熟，或是採用農家方法，以鹽、薑、葱、黃酒和少許糖擦遍全身，上鍋大火蒸後，熄火，焗5分鐘，伴以葱油或薑茸，最能保持清遠雞的原汁原味，可算得上"靚雞第一菜"。

廣州名菜有鴛鴦雞、鹽焗雞、油淋雞、脆皮雞、童子燒雞。

[原來是這樣做]

1. 光雞去除內臟，用少許鹽輕輕擦雞全身，洗淨。
2. 熱鑊下油爆香薑片、乾葱和蒜頭，盛起。
3. 上湯浸汁與已爆香的薑片、乾葱和蒜頭同放大煲中，以大火煮滾，改中火熬1小時，取走金華火腿骨，撇油，繼續煲30分鐘，下調味煮5分鐘。
4. 放入光雞捽水3次，參閱太爺雞的滷法，然後浸在貴妃浸汁以大火煮滾，改極小火煮15分鐘，取出。
5. 上雞皮料在熱水中坐融，淋在雞皮上，再用風扇吹4~6小時。
6. 燒油一鍋，把雞放在疏籬上，不斷在雞皮淋上熱油，待雞皮變酥脆和有色，取出放涼片刻，斬件。

光雞洗淨 ▶ 煲上湯 ▶ 雞放上湯浸熟 ▶ 撈出 ▶ 過冰水 ▶ 吊乾

三黃雞

[材料]

貴妃雞(一)
凰雞 1隻
(約1200 – 1500克)
薑片 38克
乾葱 19克
蒜頭 19克

貴妃浸汁：
上湯 6000克
金華火腿骨.........450克
蝦米 200克
金華火腿 200克
瑤柱 200克
甘草 75克
香葉 10片
八角和草果.......共38克

調味：
鹽 375克
冰糖 100克

上雞皮料：
麥芽糖............645克
清水 600克
浙醋 180克
紹興酒.............60克

五柳魚

廣府名菜五柳魚，形似松子，用五柳料調味，輔料顯紅、綠、黃、白諸色，令人賞心悅目。特點：酥香酸甜、微辣醒胃、造型美觀。傳說“五柳鯇”的出處與“西湖醋魚”有關，還有一段趣聞。

杭州的名菜“西湖醋魚”最早見於《武林舊事》：

西湖斷橋邊原有一間孤孤單單的茅屋，主人叫宋五。他去世後，只留下妻子宋嫂和一個十二、三歲的弟弟。五嫂每天都去西湖捕魚，立志要把小叔子撫養成人。一次，小叔子生病了，沒有胃口吃東西。宋嫂聽老人説糖醋可以開胃，就將一條草魚活殺後剖洗乾淨，在滾水裏煮熟，然後將藕粉配上糖醋，做成羹料，澆在熟魚上。結果這魚不但沒有腥味，而且特別鮮嫩，美味可口，小叔子胃口大開，身體很快康復。此菜式，後來傳遍大江南北。傳至廣府，被廣東廚師改良為“水浸五柳魚”；後經南海籍清末官員譚宗浚及其子譚緣青往北傳，成了北京譚家菜中的“五柳魚”，廣州人又稱“五柳鯇”。

1 這道菜採用淡水魚或冰鮮魚都適合，因為酸甜汁的味道濃烈，剛好與沒有濃味的魚肉吻合，否則醬汁會把魚的鮮味蓋過，令魚鮮喪失，浪費了食材的真味。

2 酥炸菜式，上粉是一個頗關鍵的程序，但一般廚師會把魚肉沾蛋，輕輕撲生粉便算，結果面層的乾粉卻因沒有經過按壓，容易掉進油鍋，令炸油變黑。

3 上乾粉時必須壓實，油炸時才能變硬變脆，淋上醬汁時不易被醬汁快速滲入，令炸魚快速變軟趴趴，喪失甘香酥脆的質感。

4 醬汁的甜酸度來自白醋，加點喼汁可借其含果香味而令味道中和。

5 嫣紅的色澤，源自茄汁鮮味和山楂天然色素，但新派廚師卻改用了紅菜頭調色調味，亦是聰明又健康的建議。

菜式點評：
魚肉細緻，骨酥甘脆，醬色嫣紅冶艷，甜酸平衡，味道層次鮮明，刀章細膩

五柳菜是中國的醃菜，分別用了甜青瓜絲、茶瓜絲即白瓜、甘筍絲、酸蕎頭和蘇薑，合共五種蔬菜，前三種是超濃糖漿的醃菜，味道超甜黏搭搭的，單吃真的有點令人受不了，可是當與酸味食材或醬汁混合搭配，卻能有畫龍點睛，把味道的層次提升兼變化，嘆為觀止。

五、六十年代做這道五柳魚，不會酥炸，只是把草魚煎熟，再把醬汁煮稠，最後放入五柳菜絲，淋面便算。但現今做法，酒樓食肆為了令賣相出眾，於是揉合了北方蘇菜的做法，借用松子黃魚的烹調手法，保留原有醬汁，各師各法，沒有大不了，反而變成現代的五柳魚的新版本。

[原來是這樣做]

1. 魚劏洗乾淨，抹乾水份，起肉脫骨，並在魚肉上剞上十字紋，刀章要緊密才能做出效果，放進醃料抹勻。
2. 雞蛋打散，放入魚肉和魚骨，再滾上生粉，輕輕壓實，備用。
3. 燒油一鍋至八成滾，放入魚骨炸至金黃，撈出，再放入魚肉炸脆和呈金黃色，盛起瀝油。
4. 另備一鑊燒熱，下一湯匙油，放入芡汁煮至濃稠，加入五柳菜，淋在魚面便成。

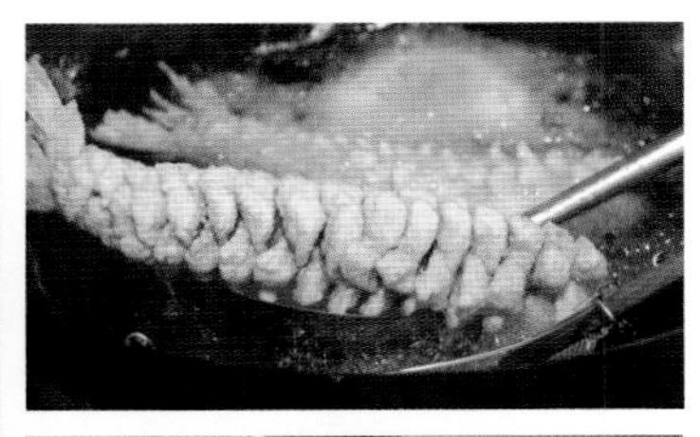

草魚劏洗乾淨 ▶ 起肉剞花 ▶ 入味 ▶ 骨肉分開酥炸 ▶ 煮芡汁 ▶ 淋面

[材料]

草魚 / 桂花魚.....1條（約600克）
五柳菜..............38克
雞蛋...............1個，魚上面用
生粉............75克，魚上面用

醃料：
鹽...................½茶匙
胡椒粉..............少許
紹興酒...........1茶匙

酸甜汁
茄汁...............113克
白醋.................75克
片糖...............150克
鹽...................¼茶匙
喼汁.................38克
老抽...............1茶匙
清水.................38克
山楂餅...............5片
濕生粉...............5克

菜式點評：
熱氣騰騰，香味濃郁、清爽甘潤、不油不膩、不膻不燥，肉糜爛軟，齒頰留香

五代同堂

古語有云："民以食為天"，由此可見飲食之道的重要性。飲食文化是中華民族五千年悠久文明發展的一個豐碩成果，所形成的眾多菜系及許多地區性分支，滙聚成一個美食的海洋。嶺南的飲食文化在中國飲食文化中更具有突出地位。"鳳城菜譜"更是名揚海外，番禺的"沙灣私房菜"也可算異軍突起，如沙灣甜品："沙灣年奶白餅"、"沙灣薑埋奶"、"沙灣牛奶糊"、"沙灣雙皮奶"、"沙灣西瓜糕"、"沙灣牛奶霜"等據説甜品美食有數十種，還有用料講究，廚藝巧妙的沙灣民間美食，如"大少奶釀芽菜"、"何柳堂炒直蝦"、"秘製功夫雞"、"鮮燜黑鬃鵝"、"上什炒菜蔬"等數不勝數的私房美食。沙灣人對飲食文化十分注重。

最近，筆者得到一位沙灣好友招引，覓得一味名為"五代同堂"的沙灣私房美食。相傳"五代同堂"此味美食出自廣東著名的藥物專家何其言之手。何其言是沙灣北村人，約生於明，萬曆34年（公元1606年），著作有《生草藥性備要》二卷、《增補食物本草備考》二卷存世。何其言二十六、七歲時，明朝滅亡，他對清朝不滿，隱居於沙灣青蘿嶂，採藥著書，種花釀酒。潛心研究民間食物療法，研究春、夏、秋、冬飲食結構對人身體產生之利弊。根據不同時令及人們身體狀況，進行食物療法。“五代同堂”是他推崇的養生珍品。用料：豬肚、雞項、白鴿、鵪鶉、鵪鶉蛋等煨炖秘製而成。功能：益氣固腎、滋陰養顏是秋冬二季養神珍品。

這味鄉間美食，近期得到沙灣食肆“格仔屋”廚師承傳，秉承古方製作。用科上乘，味美可口。筆者近日得至品嘗，實覺滋味，可謂貨真價實的鄉間美食。讀者不妨到沙灣一試，便可領悟其珍。

1. 昔日會用白燕作其一料，但因時令或供應而可用禾花雀或乳鴨取代。
2. 乳鴿需選用出生三個月左右的才會肉質鮮嫩。
3. 所有家禽材料可退骨，效果會更好。
4. 沒有退去骨架的家禽，不易煮至糜爛。
5. 藥材、配料可自由配搭，但要根據其藥性與禽鳥分別相配入肚，燉出的湯汁才甘香。
6. 可用一鼎紫砂作大燉盅處理這湯，上桌時當蓋子被揭，香氣撲鼻。

番禺沙灣被國家評定為"全國歷史文化名鎮"。在清代時，沙灣古鎮的鄉紳巨賈已經在家中創制可與宮廷媲美的美食佳宴，因為這裡從古到今都是富饒之地，故民諺云："沙灣何，有仔唔憂(不愁)無老婆"，所以沙灣姓何者是沙灣的大姓氏族。回説沙灣，它位處珠三角洲，屬於魚米之鄉，人們的生活比較富有，造就他們對吃也特別講究。他們不僅採取不時不食，講究應節食品，還極注重食療功用，所以自古時至今的菜式都含有保健、養生、除病的療效。

這道菜原是沙灣大富之家的舊式私房菜，美味可口，滋補養顏，講究排場，所以這菜會以節慶家宴及款待貴客而做，除了做法繁複，吃法也講究，首先把湯內的白燕先奉上給德高望重或輩份最高者或是座上貴客，接着就把鵪鶉奉到次長長輩或副貴客分食，跟着才是座上各人分享，此等食規至今仍在沙灣沿用，不得"逾矩"。

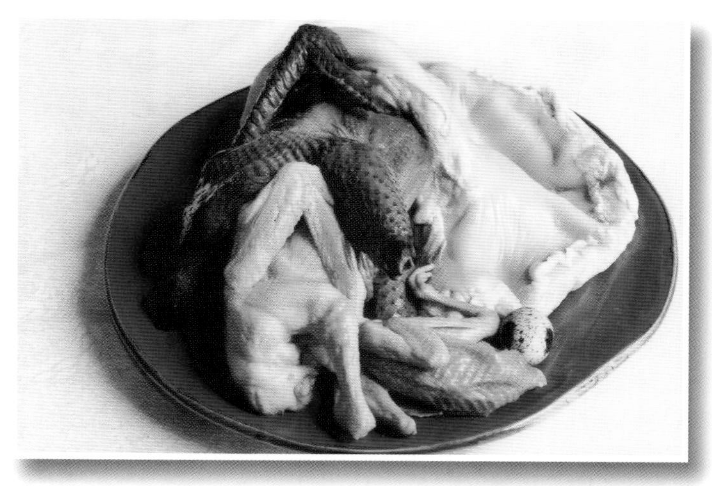

五代同堂主料(順時鐘方向)：鵪鶉蛋、鵪鶉、白鴿、烏雞、豬肚

[原來是這樣做]

1. 豬肚洗淨去肥膏，加入鹽和生粉擦洗數次，沖淨。燒水一鍋，加入1茶匙白醋或檸檬汁，放沸水煮約30分鐘，取出過冷。
2. 把白鴿、鵪鶉、烏雞等用少許鹽擦洗，去肥膏，沖淨，備用。
3. 把鵪鶉蛋放入鵪鶉內，再放入少許胡椒粒，塞入鵪鶉腳。
4. 然後把鵪鶉放入白鴿內，再加入剩餘胡椒。
5. 接着，把白鴿放入烏雞內。
6. 跟着把烏雞放入豬肚內，倒入白湘蓮，用牙籤封口。
7. 把燉湯材料放在器皿內以大火煮沸，轉文火燉4-5小時。

藥材料

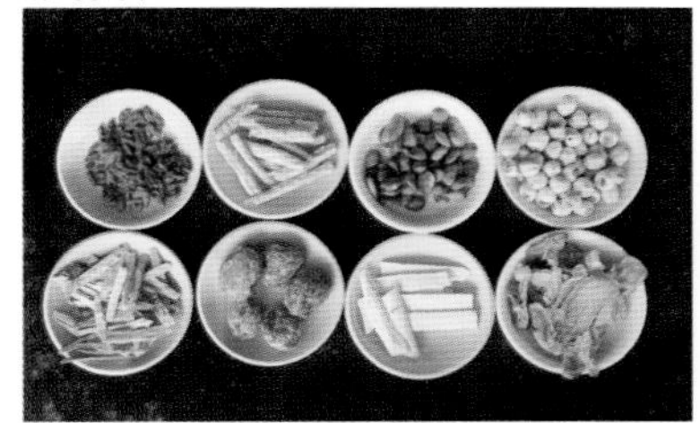

材料

所有材料已套入豬肚

已煮熟的五代同堂

鵪鶉蛋塞鵪鶉肚內 ▶ 鵪鶉塞白鴿肚內 ▶ 白鴿塞雞肚內 ▶ 雞塞豬肚內 ▶ 豬肚及湯料一起放入煲內 ▶ 煲約4小時 ▶ 上桌

[材料]

鵪鶉蛋................1隻
鵪鶉 1隻
白鴿 1隻
烏雞或雞項.........1隻
豬肚 1個
白湘蓮...80克，蒸腍軟
黑白胡椒...10克，炒香

湯底料：

五指毛桃..........10克
黨參 10克
沙參 10克
玉竹 10克
黃芪 10克
紅棗 10克
麥冬 5克
杞子 5克
胡椒 5克

家常小菜

食蟹

廣州人對食蟹情有獨鍾。以蟹為主要食材的粵中名菜，可謂豐富多彩，如蟹肉明蝦球、蟹肉琵琶豆腐、蟹黃雙拼鱸、香麻酥蟹盒，薑葱黃油蟹、酸梅焗花蟹、金茸蟹肉羹等，蟹給食客帶來美的享受。螃蟹形狀可怕、醜陋凶橫，故第一個敢吃螃蟹的人確實需要勇氣。誰是第一個敢吃螃蟹的人呢？這裏有一段有趣的故事。

相傳幾千年前，江湖河泊裏有一種雙螯八足、形狀凶惡的甲蟲，不僅偷食稻穀，還會螫傷人，故被人稱之為“夾人蟲”。後來，大禹到江南治水，派壯士巴解督工。因為夾人蟲的侵擾，嚴重妨礙治水工程。巴解想出一個辦法，在城邊掘條圍溝，圍溝內灌入滾水。夾人蟲過來，就紛紛跌入溝裏被燙死。被燙死的夾人蟲渾身通紅，發出一股誘人的

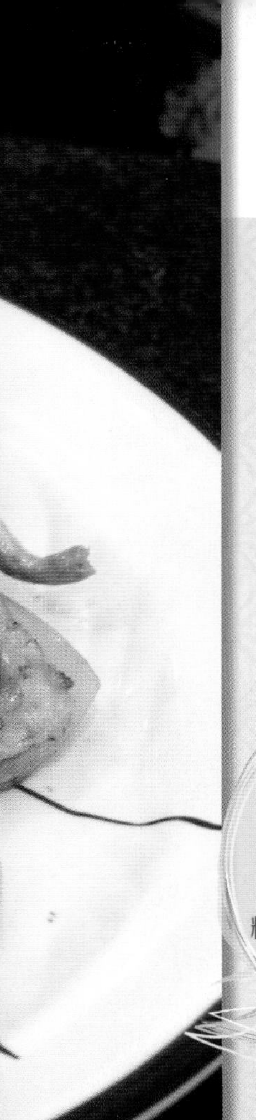

1 蟹先放冰箱冷死，可保持蟹的原狀，避免蟹因掙扎而令其爪掉下，影響賣相。

2 蟹的肺部，又稱為蟹鰓，主要是呼吸和覓食後消化食物的功用，所以容易滋生細菌，必須去掉。

3 蟹膏下的一條黑色長腸，也要去掉，它含強烈腥味。

4 生劏蟹後片刻會發現一團透明液體，這是蟹血，花蟹的血液有時呈微藍，令蟹肉變色，不美觀。

5 無論蒸、炒、煮、炸、焗蟹，需要火猛才能令蟹肉保持鮮味和皓白結實，火力太慢會令蟹容易變霉。

6 放薑、葱、紹興酒於蟹時，必須立即烹煮才放入，否則蟹肉亦容易變霉。

7 不嫌麻煩，可把蟹放鹽前，先用焗餅紙包裹，避免蟹直接碰觸鹽，防止蟹變太鹹，又可保持原汁原味，只受到鹽香味道滲入蟹肉，得到鹹鮮香氣。

菜式點評：
蟹肉結實皓白，鮮味十足，雄蟹膏呈泥黃，綿軟流瀉，入口即溶；雌蟹膏呈澄黃橙紅，結實如晶粒，質如幼沙，味道豐盈，回味力頗長

鮮美香味。巴解好奇地將甲殼掰開來，一聞香味更濃，便大著膽子咬它一口，誰知味道鮮美，比什麼海產都鮮味，於是，被人畏如猛獸的害蟲一下成了家喻戶曉的美食。大家為了感激敢為天下之先的勇士巴解，用解字下面加個蟲字，稱夾人蟲為"蟹"人。如今，我們能品嘗到螃蟹的滋味，不要忘記巴解壯士的無畏精神啊！

民謠有説：「九月圓臍十月尖」明示了吃蟹的季節宜在秋後，因為其經過換殼變大的正常生理過程，並開始貯脂肪好過冬，所以蟹變得肥美肉鮮，但享用雌雄兩性的日子卻有所偏差，所謂九月圓臍時，泛指雌蟹，其蟹腌呈圓形，這時的蟹黃特別肥美香滑豐腴，熟透的蟹黃如晶粒，酥香鬆軟，色澤橙紅澄黃，十分誘人，但針無兩頭利，蟹黃好吃，肉質卻鬆散，鮮味不足，因為大部份的營養份會專注在保養蟹黃。

挑選時看看蟹角四周在燈光下是否呈現澄紅？又是否完全佈滿，若答案為是，則這隻蟹的蟹黃十分豐滿。

至於十月尖就指雄蟹，其蟹腌呈等邊三角形，蟹黃呈泥黃色或泛白黃，其蟹黃比較稀，不結實，則別有一番滋味，牠的蟹肉結實鮮甜，份量頗足，適合薑葱爆炒、豉椒炒、鹽焗和煮咖喱等。

要是品嚐清蒸的鮮蟹，就算腌仔蟹，蟹仔細細，肉少但蟹味清甜，蟹殼比較嫩軟幼細，農曆七、八月就最合時宜，不過另一不容錯過的美味鮮蟹，就算端午節後出現的黃油蟹和重皮蟹了。前者的蟹黃足，處於凝與不凝之間，味道極品雋永；後者的重皮蟹，蟹殼柔軟，屬換殼的階段，全身硬殼也很柔軟，無論脂肪、蟹黃、蟹肉全擠在一起，十分肥美，味道豐厚。

海蟹又以紅花蟹的肉質和味道最好，白蟹和三點蟹的味道鮮，但肉質鬆散，藍蟹味淡而肉質鬆散。以下提供鹽焗蟹的食譜。

[材料]

活蟹 2-3隻
（約600-900克）
薑 4-6片
葱 1-2條
雞油 / 雞膏 2-3大塊
紹興酒 1湯匙
粗海鹽 2斤
八角 2-3粒
黑胡椒碎 1湯匙

[原來是這樣做]

1. 焗爐預熱至220℃ - 240℃，放上已鋪海鹽、八角和黑胡椒碎焗至鹽全熱，需時15分鐘。
2. 蟹先放冰箱雪1小時，取出用刷擦洗，揭蓋去掉內臟、口和腸肺。
3. 每隻已清洗的蟹，分別放薑和葱，淋上雞油，再澆上紹興酒，蓋回蟹蓋，蟹肚向上，放在熱鹽。
4. 烘至蟹全熟，需時約25-30分鐘，蟹變通紅，便可。

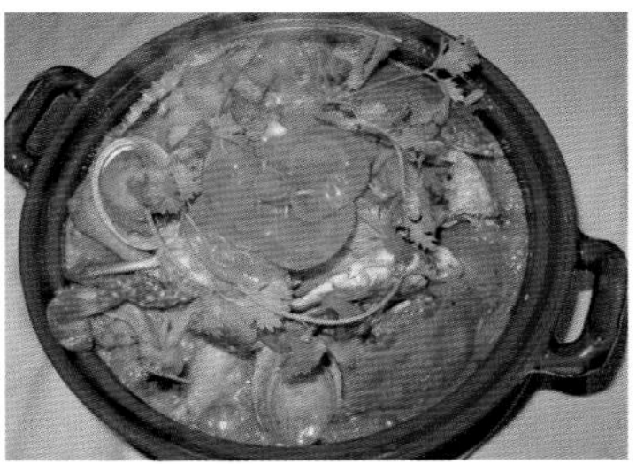

菜式點評：
豉汁惹味，醬汁濃而略稠，螺肉幼嫩鮮美，一啜而出，螺末偶有少量娃娃螺，啃時會發出清脆“卜卜”聲響，十分有趣

細蘇炒田螺

從前，在廣州長堤、黃沙一帶的岸邊，每到入夜，就有不少攤檔，設爐生火，架起小鍋，在熊熊火中炒起田螺來，即炒即賣，散發出陣陣誘人的香味；而叫賣聲更是遙相呼應，好不熱鬧，頗有田園風味。

據說這種炒螺初從順德傳入時，未用紫蘇，用紫蘇炒螺，是洋塘李細蘇之創舉。

相傳很久以前，廣州人就懂得以蒜頭、豆豉、辣椒碎片為佐料炒田螺，但終歸未能去掉螺中的泥腥味，實是美中不足。

後來，有一個叫李細蘇的農夫，因常在田中耕作，午餐時也喜歡摸螺作菜餚。一天，他在吃螺時，又聞到螺中的泥腥味，不禁皺起眉頭，自言自語地說：“細蘇啊細蘇，若你有辦法能除去田螺腥味，那就十全十美了！”

正謂言者無心，聽者有意。這時，旁邊一人忽然叫道：“細蘇伯，細蘇，細蘇，就是細的蘇葉，蘇葉芳香辟濁，何不一用試吓！”一語道破天機。李細蘇“噫”一聲後，立刻在田中尋出細蘇葉(即紫蘇葉)，洗淨複入螺中一炒，頓時香氣四溢，飄滿壟間，味道果真與往不同。

不久，李細蘇又作了改進：

先將田螺在炒前用油撈一下，再加紫蘇炒。在它成為一款獨特的風味之後，這種炒螺就被人稱為"細蘇炒螺"，可謂一語雙關。這味"紫蘇炒螺"現在廣州上下九食街內還可食到。

1. 田螺從田間生長，滿身是泥，故需要長時間浸水吐沙泥，方能去清。為了讓牠們盡快吐沙，廚師們會放一些已生銹的鐵器於水內，讓田螺因銹器的氣味，很快便把身體內的沙泥吐出，方可使用，否則螺肉含沙，不能入口食用。
2. 田螺的腸臟在螺殼尾部，亦是孕育小田螺的根據地。一般情況下，廚師會把螺尾斬去，可去掉腸臟和其排涉物，另一目的便是方便客人享用時容易啜出螺肉。
3. 有時食用螺肉時會發現有小田螺存在末端，故嚼食時會有點“卜卜脆”，不用驚慌，牠可全隻食用而其殼十分薄脆，不難消化，只是味道清淡，但卻有脆脆的嚼口。
4. 紫蘇如文所述具僻腥和解寒毒的功效，加上味道有點青草香和鮮甜味道，色澤偏紫，與許多貽貝類的食材，十分匹配。
5. 田螺因產自田野之間，泥味很強，所以適合利用味道濃烈的配料同炒，如豆豉、蒜茸、薑茸和辣椒，最能引發其鮮味，又有提升味道層次，非常搭配。

明朝中葉，為了防止水患，建議挖泥築堤，並把窪地造塘養魚，堤旁種桑樹和果樹，田間種蔬菜和稻米，然後在附近建架圈養豬，最後把豬糞餵魚，魚糞變桑樹的肥料，兩旁種稻排水，環環相扣，達至旱澇保收。於中國南方近珠三角洲地帶，土壤肥沃，頗能配合桑基漁塘的作法和運作概念，既有高經濟成效又能保留完整的生態系統，相得益彰。田螺便是農田特產，鮮嫩美味，繁殖力強，屬於價廉物美的食物，但因屬淡水貽貝，容易有寄生蟲，需要徹底烹熟，避免病重口入。現今經濟活動轉變，著重金融、房地產和工業發展，農地變少，田螺產量亦日漸減少，個子變小，地質和生態系統因科技發達而變改，沒有昔日的肥美可口。

[材料]

田螺..................600克

料頭：
蒜茸..................1湯匙
乾葱茸................1湯匙
薑米..................1茶匙
豆豉.......1茶匙，剁碎
辣椒........2-3隻，剁碎
紫蘇葉.........5片，切絲

調味：
鹽....................½茶匙
糖......................1湯匙
麻油..................1茶匙
胡椒粉..................少許
老抽....1-2茶匙，調色
生粉..................2茶匙
清水..................2湯匙

[原來是這樣做]

1. 田螺擦洗乾淨，置在放有的生銹鐵器的清水內浸半小時，利用生鐵氣味使田螺盡快吐沙泥，浸水後再沖洗數次，並在螺尾用刀背鎚碎，瀝乾。
2. 熱鑊下少量爆香料頭，加入田螺炒勻。
3. 灒酒快手炒勻，蓋上鑊蓋焗煮5分鐘，下調味煮至濃稠收汁，上碟。

田螺置於已附有生銹鐵器的水中待吐沙 ▶ 清洗鎚螺尾 ▶ 爆料頭 ▶ 炒螺 ▶ 勾芡

韭菜炒蝦仁

清光緒年間，省城有一個窮人，姓何名鴻，有妻無子，兩人相依為命，風風雨雨走過了幾十年。

這一年，何妻得病，腰痿腳軟，日夜尿頻，夜有陰汗遺尿，卻苦於無錢醫治，幾經尋死不得。何鴻老漢看在眼裏，痛在心裏。

後來，有人告訴他，在西關蟠虬南巷，有一間四廟善堂，中有一名醫，人稱"怪醫何"，在裏面開診看病。同姓三分親，何不求之一診呢？何鴻聽說後，帶著老妻，來到了四廟善堂。"怪醫何"診過脈後，呵呵一笑說：

"窮人醫病不花錢，求助銀針是神仙；

記得鮮蝦炒韭菜，坤道暖腰取陽乾。"

說完，也不開方，只向何鴻說："老鄉，可記得鮮蝦炒韭菜麼？"

何鴻笑了，連聲說記得。

原來怪醫何精通食療法，凡窮人看病，從不開花錢之藥，而是採用食物療法，並常常以詩的形式唸出，形象又好記，因而成為一怪。

回到家，何鴻立刻拿了竹箕來到附近的河涌帶蝦；然後又花三二文錢，買些韭菜帶回來，做了一道韭菜炒蝦仁給妻子吃。沒過幾天，何妻的病果然好了。從此，人們視韭菜炒蝦仁猶如仙方，一傳十，十傳百，越傳越神。

韭菜又名"起陽草"，能補虛益陽，調和臟腑，而蝦仁亦有補腎壯陽之功效。

後來，大家吃過之後，覺得這道菜不僅能治病，而且味道鮮美，於是逐漸走入千家萬戶，成為家庭小炒。這味小菜在南、番、順的食肆隨處可見可嘗。

菜式點評：
蝦鮮味甜，肉皓白清爽具彈力，韭菜翠嫩鮮綠，清甜爽脆，綠白分明，香氣撲鼻，鹹鮮味清

1 任何蝦類都可以，但必須揀選小號的蝦，味道特別鮮甜惹味。

2 如果蝦的尺碼大，可去殼使用，或是起雙飛、開邊都可以，最重要是蝦具鮮味。

3 韭菜粗身肥狀，味道清鮮，賣相美觀，但不及農家小規模種植的矯小纖細，味道濃烈翠嫩，沒有硬筴和殘渣。

4 這是一道快炒小菜，不宜烹煮過熟，適可宜止，烹煮過久，蝦變粗糙僵硬，肉質流失，失掉了嫩口鮮美，味如嚼蠟。

5 韭菜宜吃半生熟的質感，沒有草青腥味道，柔軟而其甜味滲出，保存翠綠色澤，嫩滑沒有殘渣。

6 薄薄的芡汁緊包裹和掛在食材，不肥不膩，碟下沒有過剩菜汁。

河蝦泛指河塘、沼澤而生的淡水蝦，分有野生和養殖兩大類。一般河蝦為青蝦，其體色青藍帶棕綠紋，學名為古蝦，俗稱“大頭蝦”，與羅氏沼蝦相類，但體形比較小，蝦頭大，雙鉗略大，形如波士頓龍蝦，壽命約12-15個月，尤以春、秋二季最豐盛。

野生河蝦在清明前後最肥美爽嫩，因為春汛來臨，山澗河流的流水量大增，河蝦為求生存，運用雙鉗抓實水草努力上游，以及不被水流沖走，經過一番激烈運動，肉質變得結實爽脆，彈力十足，具嚼勁，蝦味清淡，不及海蝦的清鮮甜美。再者新蝦正值排卵將至未至的時期，蝦體裡貯存大量營養，有膏有肉，最為肥美和新鮮。

[材料]

小海蝦............300克
韭菜...............150克
蓉茸...............1茶匙

調味：
生粉...............1茶匙
清水...............3湯匙
鹹.................¼茶匙
糖.................½茶匙
蛋白...............1隻
胡椒粉...............少許

芡汁：
生粉...............1茶匙
水...............3-4湯匙

[原來是這樣做]

1. 小海蝦去殼、去頭、挑腸，用生粉擦撈片刻，放在水喉下沖水，行內稱為“啤水”，令蝦肉變清爽。
2. 韭菜去掉老筴，洗淨，切段。
3. 河蝦仁抹乾水份，放醃料撈勻，待5分鐘，泡嫩油，約6-7成熟便可，瀝油。
4. 熱鑊下油，放入蒜茸爆至微香，倒入河蝦仁和韭菜快炒，勾薄芡汁炒透便可上碟。

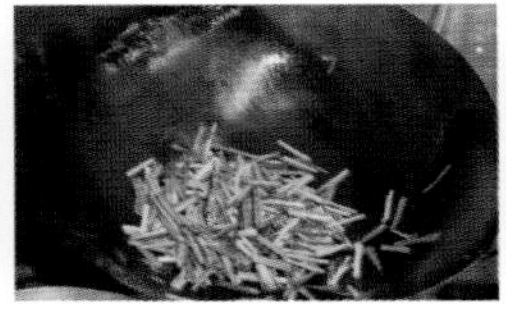
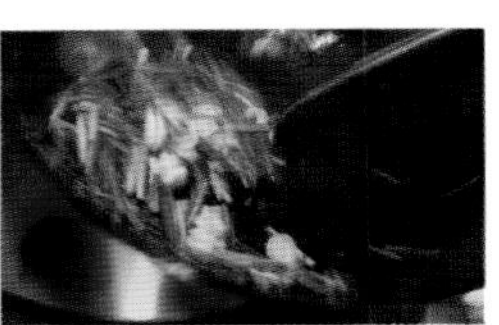

小海蝦去殼去頭 ▶ 洗淨、“啤水” ▶ 泡嫩油 ▶ 熱鑊炒韭菜和河蝦仁 ▶ 勾薄芡

茨菇煮豬肉

茨菇煮豬肉是南、番、順農家的家常菜式。

茨菇這種菜含澱粉量極高。茨菇炆豬肉即是在鍋中先爆香豬肉（以肥肉為主，稍帶點瘦肉），再加入茨菇炆煎，最後下葱鹽。做成之後，自有一番風味。

這道菜不單是粵人喜愛，就連前清兩廣總督張之洞也為之垂涎，有一次竟然因此在餐桌上失態。

相傳，清兩廣總督張之洞在光緒十三年（1887年），於廣州城西西村建起了一間廣雅書院。

一天，張之洞到書院視察，途中看到鄉人擔有農產品，不知此為何物，於是回頭問地方官員。

地方官員答道："大人，此物乃農家之瘦品，又名洋塘五瘦，屬賤民所食，一名茨菇也。"

不料張之洞聽罷，面帶不悦之色，鼻哼一聲説："此話錯也。蓋人間萬物，上至飛禽走獸，下至農田蔬果，以及河裏所游，海中所產，皆為天地所賜，唯有形色之異，何有貴賤之分？所謂貴賤，不過人所妄言也！"

地方官一聽，立刻改口説："是是，大人所言極為有理。如果大人慧眼相中此洋塘果蔬，我立刻吩咐下人做出一味來，獻與大人品嘗。"

張之洞"唔"了一聲，言談之中到了廣雅書院。

午膳的時候，張之洞與各位官員圍坐一桌。席中自然擺滿粵中名菜、山珍海味，或煎、或煮、或蒸、或炸，五顏六色。

過了一陣子，上來一道菜。這時，有一官員靜靜來到張之洞身旁，輕聲說："張大人，此餚乃剛才大人路經所見的茨菇，今以豬肉煮之，請大人品嘗。若味道欠佳，尚望多多包涵。"張之洞點點頭。

只見這一味豬肉煮茨菇，配搭得十分好看：金黃色的茨菇墊底，上面鋪著白的肥肉，紅的瘦肉，再以綠葱作蓋，整盤菜紅黃綠白兼有，香味四溢，真可謂色、香、味俱佳。

張之洞見了食指大動，忘記招呼同僚就起筷直挾茨菇；一入口，十分鬆化，連聲叫妙。

眾官員伸長脖子，目瞪口呆地望著張之洞。張之洞此刻方知自己一時失態，臉色不覺微微一紅，立刻補上一句說："來！大家共試！"

在座的官員，這才回過神來，眾人一齊挾向茨菇煮豬肉。結果無不稱讚，滿桌佳餚，唯有這盤菜吃得一乾二淨。

此後，地方官知道張之洞試慣了京城口味，膩了，要換換地方口味，於是也就將不少西關風味，諸如蓮藕炆豬肉、菱角炆豬肉、臘肉炒茭筍等，做給他吃。

據說，後來張之洞專聘了一西關人作家廚。由此茨菇煮豬肉，竟引出了這段廣為流傳的趣聞。

1. 茨菇以小刀刮外皮比削皮好，一方面能保持外形，不傷茨菇肉；另一方面可保持茨菇內的汁液，表面仍然滑溜溜。切忌把茨菇椗去掉，古老人把茨菇椗寓作男丁，所以盡量保留為要。
2. 將茨菇走油，可保外形燜煮時不易弄壞，還把其獨特幽香引出，增加菜餚的風味。
3. 燜五花腩的做法有二，一種是生燜方法，即把豬肉切塊，加醃料撈醃15-20分鐘，然後燜煮至腍軟，原汁原味，香味濃郁，但嚼勁強一點。另一種半熟燜方法，把豬肉飛水，過冷，可把肉質的蛋白和雜質先排放出來，不加醃料，然後經長時間烹煮至熟，味道略淡，醬汁清澈，利用原味醬汁回滲肉中，兩者均可，按個人喜好處理。
4. 但凡燜肉類，可加點糖令肉質軟化，容易煮腍。
5. 南乳與片糖的味道很匹配，加上南乳味濃而鹹度十足，需要利用濃厚糖味平衡彼此的味道，令醬汁顏色更艷麗。

茨菇，別名有慈菇、水慈菇，澤瀉科，慈菇屬，是單子葉植物和多年生宿根水生草本植物，廣佈在珠江三角洲及太湖沿岸，一般水田、灌溉溝渠內及山地水溝溪旁等也常見。

它與蓮藕、荸薺(即馬蹄)、菱角和茭筍合稱泮塘五秀，屬於廣東特產，味道各有千秋。茨菇屬時令食物，冬季最合時宜，但到了農曆新年後就不會再出現，許多廣東人愛用它煮甜齋，與津菜和南乳同煮，實屬素菜極品。

主要食用部份是其球莖，營養極高，含豐富澱粉、蛋白質和醣類，分有圓球狀、；橢圓形、扁身橢圓形，分有沙菇和粉菇兩種，前者嚼口爽脆，沒有很濃濃的苦澀味；後者的因含豐厚的澱粉，沒有那麼爽，但腍軟幼滑，各有所長，隨饌用材，任君選擇。品質佳的品種，大粒而不黑芯，以橢圓者較佳，因其球莖清脆可口，味美無纖維，可以清炒、油炸與烹燉。

[原來是這樣做]

1. 茨菇洗淨，用小刀刮去外皮，切件，走油即泡油至五、六成熟，盛起瀝油。
2. 五花腩用小刀刮毛或火鎗燒毛，洗淨，切大塊，加入調醃料撈勻待15分鐘，盛起。
3. 熱鑊下油，放入大蒜和中國芹菜，灒酒快手炒數下，盛起。
4. 原鑊下2-3湯匙油，放入薑片和南乳爆香，加入豬肉炒透，灒酒，注入能蓋面的清水，再加入片糖改中火燜45分鐘，至汁收乾，如仍未烹熟，可酌量加水續煮至全熟腍軟為止。
5. 倒入茨菇煮10分鐘，再加入已炒大蒜和中國芹菜，勾芡炒勻，上碟。

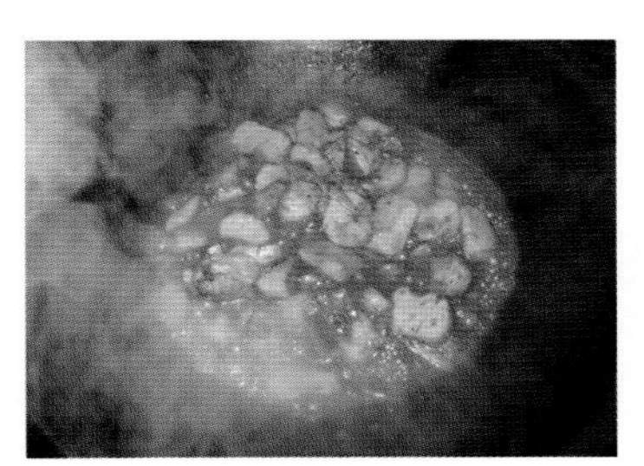

[材料]

茨菇 600克
五花腩................450克
南乳(大)...............½塊
片糖 1片
薑............2-3片，略拍
大蒜 ....40克，切段
中國芹菜 ...40克，切段

醃料：

鹽......................½茶匙
糖.......................2茶匙
生粉 2茶匙
生抽 1茶匙
紹興酒...............2茶匙

芡汁：

生粉 1茶匙
清水 2湯匙

白雲豬手

白雲豬手是沙河鎮的名牌菜式之一，它把豬手豬腳煮熟，經白雲山水泡浸，再用白醋、糖等佐料精製而成，酸甜爽口，十分好吃。關於這個菜的來由，有段故事。

傳説古時白雲山有個寺廟，廟裏住着些和尚。其中有個做飯打雜的小和尚，調皮活潑又饞嘴，卻不信佛門清規戒律那一套。他出身貧寒，卻從小便喜歡吃豬肉，而家裏沒錢買。出家後，又是做雜工，為和尚煮飯，就趁此便利，上街買菜時省下了一些銀錢，買些葷菜回廟偷偷煮著吃。因銀錢不多，只能買些最便宜的豬手豬腳之類，趁其他和尚一出門，他便可開葷了。

有一天，師父和幾個師兄又要下山做法事，小和尚十分高興，等他們一出門，便偷偷下山買了幾斤豬手腳回廟去，放在鍋裏煮，準備美美地吃上幾天。誰知有個大和尚拉肚子，突然回來了，小和尚心裏一慌，便把豬手全扔到寺後泉水裏去了。幸好扔得快，那個大和尚也沒有發現什麼。又過了幾天，大和尚病好了，又再出外，小和尚才想起扔到山泉裏的豬手腳，趕忙撈起一聞，沒有變壞。他想，在水裏浸了這麼久，雖然沒臭，肯定也不新鮮了，可是扔了又可惜，於是便買了些糖和白醋來煲。豈知豬手被白雲山泉水泡了幾天，把油都泡清了，煲好一嘗，不肥不膩，又爽又甜，醒胃口。小和尚又驚又喜。於是，凡寺廟和尚外出，小和尚便在廟裏偷偷煮偷偷食大飽口福。

後來，這種豬手傳到民間，人們便爭相如法製作，成了很有特色的白雲豬手。

烹調筆錄

1 用豬手或豬腳做這道菜，最好選用前端約7-8吋的部位，皮多肉少，味道最佳。

2 把豬手飛水時，可放點白醋，能漂白豬皮和使其快點煮腍。

3 豬手必須徹底清洗漂去飛水後的雜質和動物蛋白，然後立即浸於冰水中，豬皮因冷縮熱脹而變得爽脆。

4 煲豬手時，腍度不足，可酌量加時繼續烹煮。待熄火後不要立即揭蓋，利用餘溫焗腍豬手。

5 豬手腍一點也可以，因為當浸醋後雪一夜，豬皮會變硬，可煲腍一點也沒問題。

6 白米醋因品牌不同，甜酸度差異很大，先試味才揀選合適的酸度做醬汁。

美食札記

醋是酸味調味料，以含澱粉類食材如高粱、糯米、秈米等為主料，穀糠、稻皮等為輔料，經醱酵釀造而成。按製造流程可分為釀造醋和人工合成醋，前者可分為米醋即用糧食原料製醋、糖醋則用飴糖糖渣原料製醋、酒醋以白酒、米酒或酒精製醋。至於米醋又因加工和合料不同，可再細分為熏醋、香醋、麩醋；後者則可分為色醋和白醋。

優質醋以釀造醋為佳，米醋最好，揀選標準是酸味純正，色澤鮮明，香味濃郁。

醋酸即乙酸，可給予食品帶出兩種風味，它讓舌頭感受到酸味，再者讓食物嗅出特殊香氣。不過醋酸的功用非單一使用，宜與其他味道混和，方可發揮複合味道，故有提味的功效。

[材料]

豬手 / 豬腳 600克

醋汁：

白米醋............500毫升
清水 125毫升
沙糖 600-800克
鹽 1茶匙
鮮檸檬................ 3-4片
新鮮山楂 50克
辣椒 2-3隻
蒜子 5-6粒
薑片 20克

[原來是這樣做]

1. 豬手 / 豬腳燒毛，刮洗乾淨，放入大沸水中，蓋鑊蓋以大火煮20分鐘，直至腍軟，熄火焗10分鐘，撈出過冷，浸入冰水中備用。
2. 把醋汁材料同置煲中，以大火煮滾，熄火待涼。
3. 放入豬手浸一夜，或是最少6小時至豬手入味。

豬手刮毛 ▶ 煲腍軟 ▶ 浸冰水 ▶ 煮醋汁 ▶ 浸豬手

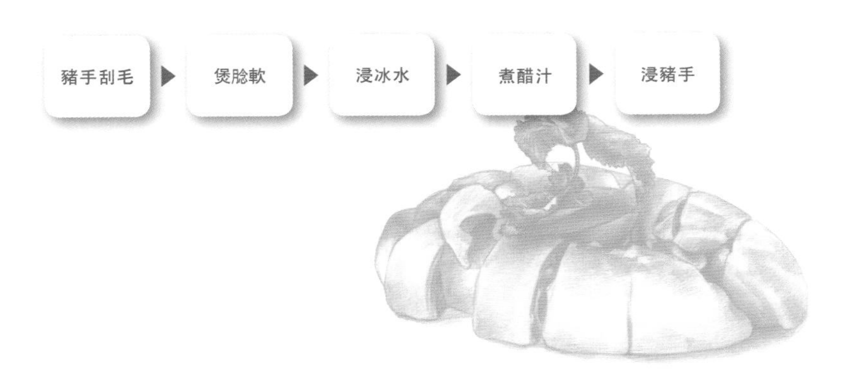

咕嚕肉

"咕嚕肉"又名"古老肉"，是廣州的一款傳統名菜，它創始於清代，已有百多年歷史。

相傳清朝時期廣州雲集着很多外國人，他們非常喜歡食用中國的菜餚，特別對"糖醋排骨"一菜更是情有獨鍾，但吃時不習慣吐骨頭，時常會鬧出笑話。於是，廚師便以出骨的精肉為原料，用糖醋鹵汁調成菜，色澤金黃鹵汁鮮香，甜酸可口，很得國人及外國人喜歡。因此菜與歷史較長的"糖醋排骨"一菜極為相似，故稱它為"古老肉"。又因外國人講漢語發音不准，把"古老肉"叫做"咕嚕肉"。所以長期以來"古老肉"與"咕嚕肉"兩名並存。如今"古老肉"菜饌已蜚聲世界，享有較高的聲譽，深受中外食客喜愛，成為粵中名菜。如今，珠三角一帶酒樓食肆均可品嘗，並普及民間。

1. 梅頭豬肉的肉質鬆軟腍滑，經油炸後仍保有肉汁，不肥不膩，要是找不倒這部位的豬肉，可改用豬沙腩，即一字排骨下的豬腩肉，肉纖維幼細，沒有豐厚脂肪，肉味足，適合不喜吃肥肉的人。
2. 豬肉上蛋液和撲生粉，輕輕握實，在油炸時不易掉落，令炸油容易變黑焦化。
3. 建議用生粉作上粉料，要比麵粉或粟粉好，因為生粉的特質是酥脆硬挺，麵粉油炸後脆而硬實，嚼口很差，欠缺酥感。至於粟粉因比較黏稠，炸肉容易回潮不酥脆，當沾上醬汁容易變軟或變糊，做不到咕嚕的精髓。
4. 豬肉要分兩次炸，好處確保豬肉全熟，另一原因是工作繁忙，菜餚過多忙不了時，可先把豬肉弄至八成熟，待有訂單時才回鑊炸熟和翻熱，一舉兩得，省時省工夫。
5. 三色椒取菜餚色澤，不要煮太熟而脱色，最終直接影賣相。
6. 糖醋汁的精髓是含蜜味果酸香，所以菠蘿是這醬汁的絕配，但不要用火加熱，只待熄火後放入，利用醬汁輕輕燙熱便可，這樣做才能發揮菠蘿的風味。
7. 醬汁的酸甜度因醋的來源、添加助料和個人對酸度反應不同，需要按個別需要調校酸和甜的味道。
8. 醬汁的顏色可借助山楂、番茄、醬汁、甜菜頭、老抽或人造色素調色，但不同食材的顏色會有偏差，只要味道調對，沒有大不了。

糖醋醬汁五花八門，做法大同小異，只是不變定律來自基礎原料的片糖、茄汁、白醋/米醋、鹽等，至於各種味型變化就各師各法了。傳統的糖醋醬汁會加入食用橙紅色素和山楂餅，調色調味，顏色駭人，但又不失當時的飲食風味。最令人懷念的味道，便是咕嚕肉的味道甜中帶酸，酸中夾有菠蘿的甜蜜風味，外脆內軟，肉汁全被封鎖，而糖醋汁剛好包裹全肉而沒有剩汁遺留碟上。時代變遷，隨著飲食潮流演變，追求飲食健康，少用人造食素，豬肉愛瘦不愛肥，許多時咕嚕肉做不到外脆內軟，肉質乾硬而沒有豐盈肉汁，韌如柴皮，使人大失所望，莫如醬汁過剩，炸肉時只把豬肉放在盤子滾動沾粉便算，這樣做豬肉的後果，生粉容易掉落，沒有把過剩醃汁和肉水吸去，於是炸肉後肉汁流失，容易回軟不乾脆，而廚師們心急上桌，醬汁與炸肉份量不恰配，不是醬汁過多，便是炸肉在吸入大量醬汁而便糊了，難於下嚥。

[原來是這樣做]

1. 糖醋汁混合，煮熔，盛起備用。
2. 梅頭豬肉洗淨，切塊，約1.5厘米 x 1.5厘米 x 2厘米，放入醃料撈勻待20分鐘。
3. 隔去醃汁料，先上雞蛋，再滾上生粉輕輕按實，放入八成滾油中炸至約八成熟，取出瀝油。回鑊再炸至金黃，取出瀝油。
4. 熱鑊下油，放入蒜茸爆香，再倒入洋葱、三色椒和已炸豬肉，然後酌量倒入糖醋汁，以能包裹全肉為準，最後加入菠蘿片炒勻，上碟。

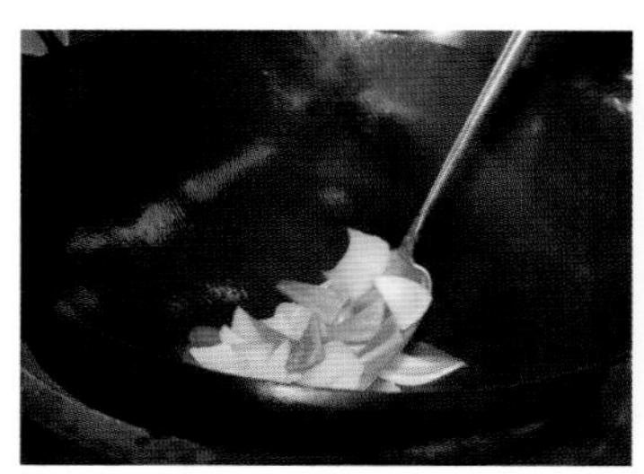

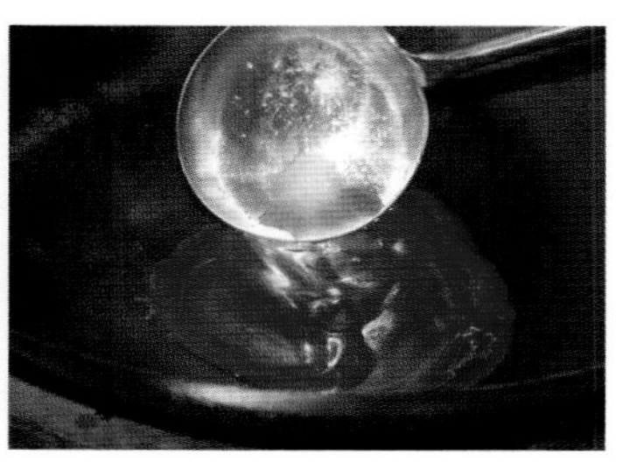

[材料]

梅頭豬肉............600克
洋葱...........½個，切塊
番茄............1個，切塊
三色椒各....¼個，切塊
罐裝菠蘿.........2-3片，切粒
蒜茸...................1茶匙
雞蛋........2個，上粉用
生粉...............150克，樸豬肉用

醃料：

鹽.......................1茶匙
糖.......................2茶匙
生粉...................2茶匙
生抽...................1茶匙
紹興酒................2茶匙
油.......................2茶匙
蛋黃.......................1個

糖醋汁：

白醋.......................¼杯
清水.......................¼杯
片糖.................. 1-2片
鹽...................... ¼茶匙
茄汁.......................⅓杯
喼汁...................1茶匙
老抽...................1茶匙
山楂片................ 5-6片

芡汁：

生粉...................2茶匙
清水...................6湯匙

菜式點評：
雞蛋香味濃郁，鮮嫩幼滑，偶有少許蛋汁微瀉流出，味道甘香，色澤金黃

黃埔蛋

在廣東名菜譜有一款叫"黃埔炒蛋"（簡稱"黃埔蛋"），以嫩、滑、甘、香，膾炙人口。其做法：先在攪勻的雞蛋裏拌以白糖、精鹽和胡椒粉，燒紅鐵鑊，澆入花生油，油滾澆上一匙羹雞蛋，蛋半熟又澆油，再澆上一匙羹雞蛋，蛋熟收火，起鑊上碟。此法炒出的雞蛋如"千層糕"，色澤鮮黃。

據説，"黃埔蛋"起源於上世紀30年代黃埔魚珠的一個船家。一天，艇上來客，主人本想用鮮魚招待，剛巧魚已吃完，這時，忽想起艇尾養了一隻老母雞，遂拿出幾個雞蛋，按上法炒了一碟，客人吃後讚口不絕，離去後，逢人便説黃埔炒蛋嫩滑甘香，從此"黃埔蛋"就傳開了。

還有一説："黃埔蛋"起源於上世紀30年代末的廣州四牌樓（今解放路與中路交界處）的一家"夫妻店"。某日，顧客要吃炒滑蛋，一般用韭黃炒之，不巧韭黃用完，店主急中生智，按上法炒了一碟。顧客吃完後連聲讚好。此後，該店門庭若市，因炒蛋如黃布一般，店主就給它起了個有趣的菜名"黃布蛋"。廣州方言"布"與"埔"同音，日子一長便誤傳為"黃埔蛋"，且一直沿用至今。

[材料]

農家雞蛋............5隻

調味：

鹽...................¼茶匙
糖...................¼茶匙
胡椒粉...............少許
生粉...............½茶匙
清水............... 1湯匙

1. 農家雞蛋的香味特別濃郁，蛋黃大而蛋白少，色澤紅潤，個子小，加上飼料和和雞的運動量足，所以特別新鮮美味，入饌做菜，尤為精采。
2. 農家雞蛋的蛋殼呈粉紅，表面上有層薄霜身，打出來的雞蛋，蛋黃堅挺立體，蛋白濃稠不流瀉，這表示這顆雞蛋很新鮮，誕下日子的短。初生雞蛋的蛋殼比較堅硬，隨著母雞下蛋數量增加，蛋殼變薄。
3. 炒蛋時加入生粉水即濕生粉，可增加張力和收緊蛋液水份，保持雞蛋的韌度，以及不易煮焦。
4. 炒蛋時，手持鑊搖動，可把鑊的熱力弄熟雞蛋，但又不會因雞蛋液黏在鑊上變蛋皮，僵硬不幼滑。
5. 待雞蛋弄剛熟時再下涼凍雞蛋液，一方面可使熟蛋降溫，另一方面則利用其熱力弄熟新蛋液，以期達到柔軟滑嫩的蛋。

母雞下雞蛋是自然定律。一隻雞蛋的誕生，從只有針頭般大小的白色碟狀物，依附在蛋黃上，它含母雞染色體的活生殖細胞，及後生殖細胞逐漸成長至直徑達幾毫米，經過2-3月的成長期，包裹牠們的薄膜變成白色蛋黃形狀，及至再過4-6個月，母雞成熟下蛋的時期，需時約10星期，在此期間的卵細胞成熟，並快速累積成蛋黃，其中成份主要為脂肪和從母雞肝內合成的蛋白質，而蛋黃的色澤來自飼料如粟米和紫花苜蓿，均會令蛋黃的顏色變深。

[原來是這樣做]

1. 雞蛋打散，用筷子略拂匀，不要起泡。
2. 調味拌匀，加入蛋液中輕輕拌匀備用。
3. 熱鑊起煙，下1-2湯匙油，倒出熱油，倒入½份雞蛋液，手持鑊而不斷搖匀，待蛋開始凝結。
4. 置回火上，倒入剩餘雞蛋液，快手用鑊剷兜炒至剛熟，蛋汁凝結但未焦。

大少奶唔食芽菜蓙

從前番禺沙灣有一富戶的大少奶，對飲食要求非常挑剔，她最喜歡吃的一道菜叫“雞絲釀銀芽”。她要求先挑正粗壯的綠豆芽菜，去頭去尾，不准留下芽菜蓙。然後用銀針將豆芽莖剖開，將雞絲釀入芽菜內，用開水快手下鍋灼一灼。再猛火加雞油快炒上碟，灑上五彩辣椒絲，就成一道私房名菜。

由於她每做此菜時均再三向廚房婢女交代説：“記得大少奶不吃芽菜蓙！”於是，此一句便成了當地人的口頭禪。

不料天有不測風雲，人有旦夕之禍福。一場戰亂，大少奶家道中落。一次，她因求職到了曾在她家做過煮飯婢女的家鄉，碰上這個婢女。而這婢女嫁人後，夫妻合力持家，賺得小康。婢女見舊主便熱情招呼留飯，還特地叫其廚娘炮製大少奶最喜愛吃的“雞絲釀銀芽”。她還特別交代再三説：“記得剪頭剪尾呀，我家大少奶不吃芽菜蓙！”。

大少奶聽聞則答道：“唉！今時不同往日，我也吃芽菜蓙了。”語中，帶有無限滄桑。這味民間美食只有到番禺沙灣鎮“格仔屋”飯店並須預約才可品嘗其珍了。

菜式點評：
銀芽爽脆皓白，半透狀而仍保清甜爽脆，雞絲清、爽、鮮、嫩，清淡優雅，幼細均勻，勾芡而沒有水溜溜的感覺

1. 把芽菜去掉頭尾，共留豆芽梗，就是銀芽。
2. 炒芽菜，鑊的熱度強，以猛火在最短時間炒，保持清爽，令銀芽內的水份受熱排出，灒酒則去掉其水腥味。
3. 火腿絲和雞絲的粗幼如銀芽，待食材混合一起，賣相才美觀。
4. 雞絲可泡嫩油，但家庭自做因份量少，只用點油快炒至半熟，效果相若。

芽菜是由綠豆浸發出芽而成的水種蔬菜，現市面上有水種和旱種兩種，前者的芽菜味道清爽，豆梗含份高；後者的豆梗的水份含量略低，比較乾身。在香港的芽菜，有的豆梗很長而纖幼，有的豆梗肥大短小，亦有已把頭尾去掉，純賣銀芽，省掉摘芽菜的工夫。在夏天，因天氣炎熱，人們愛煲粥炒麵取代正餐用的米飯，所以銀芽或芽菜特別創手，於是店主建議把大豆去掉首末，冒充作銀芽使用，味道相若，只是豆梗味道濃郁集中，沒有那麼多水份，比較乾身硬挺一點，有點嚼勁而已。

[材料]

銀芽 450克
火腿 ...... 75克，切絲
雞胸肉 150克
蒜茸 1茶匙
薑米 1茶匙

醃料：
鹽 .... ¼茶匙
糖 .... ½茶匙
生粉 .... ½茶匙
油 1茶匙
蛋白 .... ½個
胡椒粉 .... 少許
麻油 .... 少許

芡汁：
鹽 .... ¼茶匙
糖 .... ¼茶匙
生粉 .... ½茶匙
清水 2湯匙

[原來是這樣做]

1. 雞胸肉洗淨，抹乾，切幼絲，狀如銀芽般粗，加入醃料拌勻，醃5分鐘。
2. 銀芽沖洗，瀝水，熱鑊燒至冒煙，下油和一片薑，倒入銀芽，灒酒，以猛火快手炒1分鐘，倒出瀝水。
3. 熱鍋下1湯匙油，倒入雞絲，灒酒，炒至八成熟，盛起。
4. 再次熱鍋，下油爆香蒜茸和薑米，倒入雞絲和火腿絲，最後加入銀芽，勾薄芡上碟。

雞肉切絲 ▶ 醃味 ▶ 炒至八成熟 ▶ 銀芽炒至半生熟 ▶ 所有材料兜炒一起 ▶ 勾芡

八寶豆腐煲

昔日廣州十三行有一間"劉富興"酒家，其招牌菜是一種東江菜，名"八寶豆腐煲"，非常出名。

關於這道菜，有一個義俠的故事在西關廣為流傳。

據説，在民國初年，西關有一個姓盧的大戶人家，住在十五甫正街，聘了一個姓陳的鏢師護駕。

一次，陳鏢師帶著銀票到東江一帶訂購粵中名酒東江糯米酒，晌午之時到了興寧縣，來到一座叫"鬼頭山"的山前，忽見不少路客急匆匆地往回走，説前面有賊，不遠處有幾個山民已被擒住了，被捆在樹下，因拿不出錢，正在遭受毒打。

陳鏢師一聽，立刻激起心中的俠義精神，轉身便去救人。

到了前面，他一言不發，從腰間抽出軟鞭，只幾下功夫，就將山賊打走了，救下了那幾個人。

被救的人千恩萬謝後離去。剩下一個山民卻忽然拉住陳鏢師説："恩人，你救我一命，我真不知該如何報答。我家離這裏不遠，不如就到我家一坐，喝兩杯洗洗塵。"

陳鏢師也不推卻，與山民進了村，到了山民家。山民向家人講述鏢師打山賊救自己一事，全家都很感激。

陳鏢師坐下不久，山民之妻就從廚房端出一個煲仔來。山民親自斟酒，招呼陳鏢師，隨後打開煲蓋。但見一股熱氣升騰，裏面煲的卻是豆腐，兩人邊吃邊聊。

陳鏢師説："這種豆腐煲，鮮香嫩滑而味濃，我從未吃過，不知叫何名稱？"

山民告訴鏢師，這是當地山民喜歡的一種菜，叫"八寶豆腐煲"。乃精選豬肉、鮮魚肉，合蝦米、魷魚、冬菇、鹹魚、葱花，拌成肉餡，釀入豆腐中，慢火煎成金黃色，再將菜葉墊在鍋底，把豆腐放在上面，和上湯慢火烹煮而成。

後來，陳鏢師回到廣州，按照山民所説的做了一回給家人品嘗，大家都説好味道。

到了晚年，陳鏢師退隱收山，出本錢與人合夥在西關開了一間飯店。因其以賣"八寶豆腐煲"出名，飯店取名"八寶"。當時，有不少歸隱的武林朋友常相聚於此，一邊喝酒吃八寶豆腐，一邊回顧當年，這道菜也就漸漸地傳開了。這味菜色現在在廣州西關的食肆還可以品嘗得到。

菜式點評：
豆腐鮮嫩幼滑，豆香濃郁，肉餡鮮香嫩滑，肉質堅靭富彈力，鹹鮮味濃，鞏牢地篏入豆腐內，不易鬆脱離身，尤如黃澄澄的金磚

1 豆腐挖孔前可用稀鹽水浸泡片刻，讓當中水份流出變結實一點，挖孔和釀餡時，不易弄爛。

2 布包豆腐的質感尚可，但盒裝豆腐卻不太適合弄這道菜。

3 豆腐置在高溫環境下容易變壞變酸，所以應放在冰箱下貯放較好。

4 免治豬肉要含有脂肪成份才會嫩滑有汁，理想的肥瘦比例是3:7，肉味和質感都完美。

5 鯪魚肉茸最怕黏有薑和蒜的汁液，容易變壞，避免器皿有這些物料，必須徹底清潔，方可使用。

6 做肉丸類食物，必須順時針方向攪拌才能把肉纖維柔順地結纏，形成網狀，令肉丸富彈性。

豆腐是傳統食物，歷史悠久，隨著時間更迭，豆腐的製造技術突飛猛進，由手動石磨轉為電動機磨黃豆，明火銅鍋煮豆漿改用電力煮豆漿，雖然省時，但味道卻不夠細緻。

黃豆分為奶豆和渣豆，前者蛋白質含量高，豆奶成數相對高；後者的蛋白質較低，渣滓也多，成數略低。

中國製造豆腐的原料，北方用鹽鹵而南方用食用石膏粉凝固豆漿，兩者用料不同，質感也有差異，石膏粉做豆腐花，味道帶灰，質感比較硬；鹽鹵做豆腐，質感比較柔軟。

[材料]

硬豆腐／板豆腐(大)............2磚
時菜 300克
上湯 250毫升

餡料：
免治豬肉 150克
鯪魚肉茸 150克
蝦米 1湯匙
魷魚(小)...........1隻，浸泡切碎
冬菇 ....2-3隻，浸泡切碎
鹹魚肉.............10克，蒸熟磨茸
葱粒 1湯匙

醃料：
鹽 ....¼茶匙
糖 2茶匙
生粉 1茶匙
油 1茶匙
胡椒粉.................適量
麻油 ....少許

[原來是這樣做]

1. 把餡料放大碗，大力以順時針方向攪透，直至出現黏度為準，加入醃料拌勻，大力撻打數十下，置冰箱中冷凍30分鐘。
2. 硬豆腐切塊，尺碼為長5厘米x寬3厘米 x高 4厘米，中央用小匙挖去部份豆腐，以能釀餡為準，太深或太淺也不適合，瀝水備用。
3. 在豆腐撲上少許生粉，釀入適量餡料，約1湯匙，輕輕壓實。
4. 熱鑊下油，放入已釀餡的豆腐以半煎炸方法，煎成金黃色。
5. 另備一鍋，先放時菜，再放已煎豆腐，最後注入上湯，用火加熱原鍋上桌享用。

豆腐挖孔 ▶ 餡料拌勻 ▶ 釀餡 ▶ 半煎炸豆腐 ▶ 放菜、豆腐和注入上湯 ▶ 煮滾

蘿崗柳葉菜心

廣州新市蘿崗村生產的柳葉菜心，遠近馳名。它很有特色：一尺高，葉細，節疏，碧綠，質脆，爽甜，而且分櫱多，收成期長。説來，它還有一段離奇的故事哩。

相傳晚唐時，節度使劉龔割據嶺南，改號“南漢”，自封為王。他在觀音山下大興土木，建造宮殿，強搶美女，弄得人心惶惶，四處逃難。

有兩個村姑，一個叫柳娥，一個叫葉花。為逃避選美入官，都逃到白雲山腳蘿崗的一間叫“龍唐觀”的破廟住下來。她倆為了生活，在廟旁的“碧雨潭”邊開荒種菜，像當地人一樣，靠種菜栽花過日子。她倆辛苦了幾天，撿淨了潭邊荒地的石頭，用樹枝把土撬鬆，用雙手整好一行行的菜地。沒有菜種怎麼辦呢？要是到莊戶人家討一點，又怕被官差發現，捉入宮去，實在為難。她倆坐在“碧雨潭”邊，看著叢叢柳樹發呆。想著，想著，柳姑娘提議説：“菜種不成，種些嫩的柳枝也好。”於是她倆折下鮮嫩的柳枝，插入整理好的土中，用清甜的潭水澆灌。晚上，她倆都夢見南海觀世音來游白雲山，到“碧雨潭”沐浴，看過她倆的菜地。第二天一早，她倆又去給種下的柳枝澆水。真奇怪，昨天種下的柳枝，竟變成一棵棵菜心，綠油油的。她倆摘些回去煮吃，覺得又嫩又脆，鮮美可口。她倆拿一些去賣，吃過的人都覺得這種菜心特別好吃。這樣，一傳十、十傳百，很快傳揚出去。村民都爭着向她倆要菜心種子。後來竟傳到京師，皇帝還將這菜列為貢品。

因為這種菜心形似柳葉，又是一個姓柳、一個姓葉的村姑先種的，所以人們就叫它為“柳葉菜心”。

1. 揀選菜苗或有直紋兼爆口的菜芯，味道清甜又新鮮。
2. 選用本地肥牛肉的肉質最適宜，肥瘦適中，肉汁豐富，肉味濃郁，脸軟又有嚼勁。
3. 醃肉時，調味需要加點鮮露和沙茶醬，惹味和風味獨特，還要多加點生粉使肉質脸滑，保持肉汁不易流失。
4. 炒牛肉時，熱鑊燒至白煙，下多點油，燒片刻，倒出熱油，加點冷油，放蒜頭爆有香味，以大火放入牛肉快手炒，灒酒，炒至五至六成熟，盛起，期間先把兩面煎封表面，才續炒至肉片半熟。

中國地大物博，湖光山色，風光引人入勝，山川湖泊，清泉河水，星羅奇布，説也奇怪，用泉水焯煮菜芯，顏色翠綠，清甜度增強，入口脆嫩，就算久放耐了，依然顏色青綠，沒有變黃脱色出現。這與泉水中含有礦物質，然後與菜芯某種原素產生的化學反應的後果，除了令菜芯翠綠保色，還把菜芯的甜味提升，就算只用油鹽焯灼，也相當味美。

[材料]

粉漿

菜芯……450克
本地肥牛肉……200克
薑……2片
蒜……2粒，拍扁

醃料

美極鮮露……1茶匙
沙茶醬……1茶匙
豉油……1茶匙
黃糖……1湯匙
紹興酒……1茶匙
生粉……1茶匙

[原來是這樣做]

1. 菜芯去掉菜花，下少許鹽浸10分鐘，沖洗2次。
2. 牛肉切薄片，厚約1毫米，加入醃料撈勻，醃5-10分鐘。
3. 鑊燒至大熱冒煙，下2湯匙油，放蒜頭爆香，倒入牛肉，快手炒至八成熟，盛起。
4. 熱鑊下油1-2湯匙，調中火倒入菜芯，灒清水2-3湯匙，蓋鑊2分鐘，揭開鑊蓋，下¼茶匙鹽煮至菜脸軟，放入牛肉炒透，便可盛起。

菜式點評：
湯色淡奶白，魚鮮湯甜，西洋菜色泥黃，擁有獨特芳香風味，整體味道鮮、甜、濃

西洋菜的由來

西洋菜是廣府人很喜歡吃的一種菜，通常用來煲豬肉或煲豬骨。隨着時間的推移，西洋菜湯也就成了廣州飲食的一種風味。

西洋菜，相傳其種來自於一個西洋人。

大約在清道光十五年(1835年)時，美國人到中國傳教，來到廣州設立了一間博濟醫堂。

醫堂裏有一個洋人，名叫哈博，他從老家帶來一種菜，開初只在醫堂前面用一個瓦缸種着，青幽幽的，非常好看。

當時西關洋塘鄉有一個私塾先生，為了教學，學起一些西洋文字來。一天，私塾先生因為咳嗽而慕名去博濟醫堂看病，認識了哈博；後來便信奉了基督教，與哈博成為朋友，兩人來往相交了數年。

這年，洋塘鄉受到颱風襲擊，所種的茭筍、茨菇、蓮藕等農作物失收，許多農家一時陷入了困境。

私塾先生與哈博在交談中説起這次颱風造成農民失收的事。

哈博聽了很同情，於是告訴私塾先生，説他從西方帶來了一種菜，非常適合西關洋塘鄉的田塘栽種，而且可以長得十分肥壯，產量會很高。

私塾先生聽了，十分高興，走的時候帶了一把西洋菜種回去，並將此事告訴鄉人，叫他們也來取些菜種種下。

兩個月後，這種菜果然長得葱綠誘人，肥壯鮮嫩。鄉人將其摘下煲湯，味香而甜，十分可口。不久，洋塘鄉家家戶戶都取西洋菜種來栽，於是大家平平安安地度過了那個災荒年頭。

從此，西洋菜在洋塘鄉生了根；一種就是100多年。

後來，為了不忘西方朋友哈博的幫助，洋塘鄉人就給這種菜取名為"西洋菜"。西洋菜煲豬肉成為民間受歡迎的菜式。

1 煲魚湯如要香味濃郁，必須經過煎魚過程，還要把清水瀨入鑊中以大火滾沸，魚湯才能出現奶白和魚味被逼出。

2 西洋菜用鹽水浸泡一段時間，可把菜中小動物、泥沙石塊沉澱，還有就是農人口中的“蜞乸”，這是害蟲，據説當附在人體會吸血，不幸吃進肚子，會對腸胃不好。

3 瘦肉飛水目的是把肉中某些蛋白質和雜質血水排出，令湯品清澈不污濁。

4 西洋菜要滾水後放下，否則菜會變苦，令湯品也變苦澀，不好飲用。

傳説生魚有“化骨龍”的品種混雜生魚內，所以未劏時，會把魚撻數下，看看有沒有手腳出現，還在湯肉放豬肉，如果湯品弄好，瘦肉還在，表示這條是生魚而不是傳説的“化骨龍”，可安心享用。話説回來，生魚屬於食肉性魚類，長期在河溪沼澤出沒，肉質爽脆肥大，雖然是淡水魚，但肉味也不輕。野生的生魚，頭如毒蛇“飯劘頭”般呈三角形，魚身纖瘦，線條優美，很有美感兼流線形，取出的內臟的脂肪呈橙黃色，腸子很纖幼；養殖生魚，肚大魚身粗，沒有優美線條，偶有泥味，煲好的湯味，沒有野生生魚的湯品鮮甜味濃。

[材料]

生魚 1-2條
(約600-800克)
不見天瘦肉...450-600克
西洋菜............450克
羅漢果................¼個
南北杏仁..........20克
蜜棗................1-2粒
陳皮...................1角
清水...........6-8公升

[原來是這樣做]

1. 不見天瘦肉飛水過冷，備用。西洋菜用鹽浸泡30分鐘，沖洗數次，摘段。
2. 生魚刮鱗，去內臟，用鹽擦洗乾淨。
3. 熱鑊下油，放魚煎至兩面金黃帶香味，注入500毫升清水以大火滾煮至奶白色，倒進湯煲內。
4. 湯煲注入清水，放入羅漢果、南北杏、蜜棗和陳皮以大火煮沸，加入魚湯、瘦肉和西洋菜待煮沸，轉中火煲3小時，便可。

粥粉麵飯

狀元及第粥

廣州有一種粥，叫"及第粥"粥中加豬肉丸、豬粉腸、豬肝三品作料，外加薑葱而成，至今仍深受人們歡迎。

人人都知道這種粥味道很好，但為什麼叫"及第粥"呢？知道的人就不多了。

據説其中有一段廣東狀元倫文敘的故事。

倫文敘幼時家貧而聰慧，7歲時，便喜歡聽人吟詩作對，並能舉一反三。有時他自己也能隨口吟出一些詩作。於是，得了"神童"稱號。

後來倫文敘上街賣菜時，不少人就纏着他吟詩。倫氏有時吟得興起，就誤了賣菜，因而常常賣不出菜。

一天，倫文敘挑着大半擔菜回來。走到叢桂路一間粥鋪時，餓得肚子咕咕叫，但又沒錢買粥，饞得直咽吞口水。

這情形正好被店主佳老三看見，認出這賣菜仔是詩童倫文敘，於是就招呼他進來。

佳老三招呼倫文敘坐下説：大頭倫，其實你應該讀書。我睇你詩才橫溢，周街賣菜，確是浪費時光。佳老三言語中頗有點愛惜之意。

倫文敘説：佳老伯，家窮無辦法，連飯都搵唔到食，何來讀書呢？

佳老三説：這樣啦，大頭倫。以後你每日擔菜先來我鋪前，我日日與你買一點，再免費與你一碗粥食，也算盡我老人的一點心。

倫文敘千恩萬謝。

有一天倫文敘到光孝寺賣菜，才氣驚動了廣東巡撫，因而得以讀書，也就不再賣菜了。

光陰似箭，一晃十載。

有一天忽然有人鳴鑼喝

道：“新科狀元到。”立刻就有不少人出來觀看，佳老三也探出頭來，不知此地哪一位中了新科狀元。

不料，狀元轎在佳老三鋪前停了下來；嚇得佳老三大驚失色。正驚愕之間，轎中走出一位新科狀元。一見佳老三便哈哈一笑說：“佳老伯，十多年不見可認得小子乎？

佳老三驚呆了，丈二金剛摸不着頭腦。新科狀元見狀又說：佳世伯，怎麼連我大頭倫都忘了？

哎呀，經這一說，佳老三才仔細看，噫！果然是以前的賣菜仔大頭倫。連忙迎倫文敍到鋪中落座。

原來，這時倫文敍已入京高中狀元回來省親了。到家的第二天就來看望佳老三。

倫氏說：佳世伯，當年若不是你老人家幫助，我倫文敍未必有今日呀。佳世伯的恩情大頭倫永不敢忘。

佳老三連忙說：此是狀元公的福氣，倫狀元萬不能這樣說。

這時，倫文敍忽然覺得，以前粥中僅一粥一味，今日一粥三味，吃了多時尚不知粥為何名。於是便問佳老三，這種粥叫何名稱。

佳老三一時吱吱唔唔未敢回答。因為以前是隨便下點腳料所煮，故沒有什麼正名。

倫文敍見狀乃說：佳世伯，這種粥若無正名，我想我吃這種粥多年，今朝得以狀元及第，不如就取名叫‘狀元及第粥’如何？

佳老三父子一聽，立刻拍手叫妙，隨即叫人取過筆墨，請狀元公題上。

於是，倫文敍大筆一揮，寫下“狀元及第粥”幾個大字，又題了新科狀元倫文敍的落款。

從此，廣州便有了“狀元及第粥”。

如今，及第粥已十分普遍，在南、番、順的食肆，隨意可以品嘗。

1. 豬肉丸可混入臘腸、陳皮和魚肉茸，增加香味和肉丸的變化。但做一顆好肉丸，需要有手撻肉的程序，因肉丸遇鹽會把其的中水份子釋出，加上肉纖維會在攪拌過程中糾結一起，形成網狀，並因手撻肉而令彼此的空間縮小兼重疊一起，所以肉丸會變得有彈力和密度變小。
2. 豬肝用梳打粉先醃片刻，軟化纖維組織，稍後沖水可避免其纖維質因過度軟化而欠缺質感，然後才入味飛水至八成熟，待煮粥時作加熱和把最後的部份煮熟，安全又好味。
3. 豬肝含血腥味道，必須用點薑汁和黃酒，方何去除腥味，並可提升其味道由腥變香。
4. 有味粥是白粥加了味道，行內稱為有味粥。

豬粉腸是豬小腸，內藏黃色如濃痰的般黏液，偶有寄生虫依附，宜用生薑或蒜頭放腸內疏通，把寄生虫排出，經煲脸後炒、煮、煀、炆、煲粥，十分有風味。

豬肝亦屬肉臟又稱“豬膶”，豬的肝臟，包裹豬膽，所以在劏豬時不慎割破豬膽，豬肝會被染成黃綠色，所沾染的部份會很苦，難於入口。一般豬肝以炒、煲和焯為主，但要用作炒料，則推選“黃沙膶”，其色澤帶黃，不像一般豬肝棕色，質感清爽，沒有苦澀味，入口嫩脆，可説是極品，不過可遇不可求。

[材料]

有味粥底............1大鍋
熟粉腸................150克
半肥瘦免治豬肉....300克
豬肝1....................50克

醃料：

肉丸：
鹽...................... ¼茶匙
糖...................... ½茶匙
醬油................. ½茶匙
生粉...................1茶匙
油.......................1茶匙
紹興酒.............. ½茶匙
胡椒粉................. 少許
麻油.................... 少許

豬肝：
鹽...................... ¼茶匙
糖...................... ½茶匙
醬油................. ½茶匙
生粉...................1茶匙
油.......................1茶匙
紹興酒.............. ½茶匙
胡椒粉................. 少許
麻油.................... 少許
薑汁1.................. 茶匙
梳打粉.....¼茶匙，先下
清水.....1-2湯匙，先下

伴食料：

薑蔥絲..................10克
醬油.................... 適量
胡椒粉................. 少許

[原來是這樣做]

1. 半肥瘦免治豬肉加入醃料拌勻，大力攪透，然後用手撻數十下，直至出現膠質兼有彈力，放冰箱冷凍30分鐘。
2. 豬肝洗淨切片，用梳打粉加少許水醃5分鐘，在水喉下沖水，加入醃料拌勻。
3. 有味粥煲滾，放入肉丸滾煮至熟，加入豬肝和粉腸沸熟，便可。
4. 可與伴食料和炸麵同吃。

明火白粥

白粥由一個外號叫"大煲粥"的人首創，其真名已無從可考。

相傳明朝末年，廣州有一條恩洲巷，裏面住着一個窮老漢，無妻子兒女，孤苦伶仃。

有一年，他得了喘咳病，又無錢醫治，眼看病情日漸加重，半年以後已是奄奄一息。

隔壁住着一個後生仔，平素與這老漢友善，時常給他送些新鮮蔬果。這天，他又去探望老人，老人口口聲聲説自己快要死了，到時不知有誰來安葬？言語間十分傷心，面色戚戚。

後生仔自然盡以好言安慰，但老人只是搖頭。後來，後生仔忽然眉頭一展説：世伯，我以前咳喘去診治時，曾有一醫生叫我食白果，不如找點白果試試？

此時老漢又咳了起來，漲得面紅耳赤，連呼吸也很困難，真是生不得死也不得，只好點一下頭，求後生仔去找一點白果來。

次日，後生仔找到白果送與老人。老漢一時不知如何吃，忽然想到煲白粥，於是在煲粥時放入白果一起煮，也不管它好不好吃。

不料一煲起來，香氣噴出，使人食指大動；待到揭起鍋蓋，更是香味四溢，沁人心脾。老漢高興之中，又見牆上掛着一根腐竹，於是順手摘下一並放入鍋中。這樣一來，香味更加濃厚。

過了一陣，收火食粥，咦，真是從未有過的粥味。老漢大喜，立刻走到隔壁，叫後生仔一齊來共享美食。

後生仔吃過粥後，笑着説：天助我也！

原來，這個後生仔在一家小食店中幫工，也常常吃到各種各樣的粥，但從未嘗過這種味道；而且這種粥成本低，味道好，尤其適合窮人用作早點。

由此，後生仔計上心頭，立刻與老漢商議，不如二人合夥，老人在家煲粥，後生仔在外面賣。老人聽了直點頭，兩人一拍即合。

不久，後生仔又東拼西凑，找來些台台碗碗，架起了爐子；為招攬生意，還特地借來了一個大銅煲，並標出一面旗——"大煲粥"。

果然，由於成本低，小碗只賣1文錢，大碗只賣2文錢，而且味道好，因而一炮打響。又因為老漢先在家中煲過後再拿出來，到了外面明火一煲就熟，因此叫做"明火白粥"。

不久，老漢的咳喘病也由於吃這種粥而治好了。於是此粥一傳十，十傳百，廣為流傳。

"明火白粥"在珠三角的茶樓食肆均可品嘗。

菜式點評：
白粥濃稠細緻，入口綿密，米粒爆花兼有濃濃米香，白果甘香，清甜腍軟

1 白果用有殼的貨色比已脫殼為好，確保沒有添加不必要的物質，還有就是貯藏久一點。

2 記得挑去白果芯，因為它含毒質，多吃會中毒。

3 腐竹添加在白粥內，味道會附有濃濃豆香，粥底變幼滑細緻，味道濃郁和濃郁，不易回水。

4 浸泡過的腐竹容易煲至完全熔化，融於粥內。

5 粘米清爽夾有米香，圓米脍軟綿密缺米味，混米煲粥，各有所長，互補不足。

6 用舊米煲粥，香味更好。

7 不添加腐竹煲粥，可改用2-3湯匙麥片，粥味也很好，因為可保持濃密質感，還可以添加燕麥的香味，風味十足。

一鍋白粥變化多端，加乾瑤柱，味道鹹香有鮮味。胃口不開時，可只用陳皮煲粥，清清腸胃又正氣。廣東白粥會用陳皮、腐竹、白果煲粥，粥底綿密，水米交融，米粒爆花，但熱力過後就會米水分離，米粒沉澱，只要翻熱一下，就可以再次結合。潮洲人煲粥，粥水多過米，只把米粒略爆開，有點像泡飯，味道清淡，不加任何味道，只用白米和清水略煮至有點膠質便算。業界人為了成本和人力資源控制，會把米磨粒煮粥，味道就不如煮至爆米的濃香。日新月異，以前煲粥以慢火熬煮，如燒柴、燒火水，加上以前用井水或泉水煲粥，味道更好，現改用石油氣或煤氣作燃料，火力猛但沒有慢火熬煮的粥香。更新的燃料，利用電力煮粥，不易燒焦，又別有一番滋味。

[材料]

粘米 / 粘米 150克
圓米 / 壽司米......150克
清水 7-8公升
白果 ....20克，去芯
腐竹 40克
陳皮 1角
油 .... 少許

[原來是這樣做]

1. 米材料洗淨，用半公升清水和油浸泡10-15分鐘。
2. 白果去殼去芯，連皮備用。腐竹浸軟，備用。
3. 清水加已刮果瓤的陳皮和白果同放煲中，以大火煮沸。
4. 加入米材料和腐竹同煮45分鐘-1小時，熄火，焗10分鐘即可。

菜式點評：
鑊氣足，味道濃烈，色澤棕紅，油潤不肥膩，乾身無油，河粉幼滑柔嫩，熱力足而不斷開，牛肉味濃不韌如柴皮，肉纖維細嫩，脍滑又清爽

沙河粉

廣州人喜歡吃炒河粉，老嫩大細無人不曉。沙河大飯店，以沙河粉見長。沙河粉，從最初以乾炒牛肉河粉、肉絲河粉和湯粉幾個單調品種，發展到酸、甜、苦、辣五味俱全的沙河粉，後來，創製出更多個品種，其中比較有名的："碧綠鴛鴦河粉"、"炸醬炒河粉"、"香葱牛肉河粉"、"辣炒三絲河粉"、"凉瓜火鴨河粉"、"鮮橙白糖河粉"等。炒河粉百年以來，深受廣州市民歡迎，享有盛譽，它的由來，還一段有趣的故事。

傳説山水河粉起源於東江客家人。百多年前，一些以打石為業的東江客家人從五華縣到沙河定居。這些人家家都有石磨，用石磨將大米水磨成漿，以白雲山泉蒸出的山水河粉又薄又韌又爽又滑。在墟大街(今沙河大街)一帶開設了不少夫妻店，以民間方法製粉出售，並向外推銷。由於價廉物美，人人愛吃，生意越做越旺。隨着時間的推移，小店發展成了作坊，製粉工藝也日益精巧，山水河粉必須用白雲山泉水製作，該泉水乾淨無污染，且含有23種微量礦物質，使蒸出的河粉又爽又滑。選用大米亦十分講究，以隔年晚造的優質白米為宜，因早造米黏性差，當年的晚造米又黏性過強。製粉時，米漿要求只磨一次即達到幼滑標準，多磨一次，粉漿就會變"霉"和發熱。磨好的米漿加入白雲山泉水調至稀稠適中，用竹製大窩落鍋；蒸煮時，火候要求達到水滾如菊花形時再放入大窩，泡水要緊貼窩底，蒸出之粉不能過熟或過生。這樣製出的山水河粉晶瑩如雪、潔白無瑕、質地爽韌而軟滑，令人百吃不厭。

由於山水河粉起名於沙河，後來人們也就將其稱之為沙河粉。

1. 賣回來的河粉不用清洗，如用水清洗，會使粉條濕淋淋，永遠炒不乾身。
2. 河粉當天買當天用，隔夜河粉容易變壞變酸，產生異味兼變黃。
3. 炒河粉前，先把它弄散，不會黏貼在一起，容易處理，並且加熱很快。
4. 河粉炒得過熱會黏鍋，容易折斷，弄得碎裂，賣相不佳又糊口。
5. 炒河粉時，鑊要熱燒高溫一點，可多下點油，切忌頻頻攪動，還要比點耐性和小心翻炒。

河粉分有湯粉、炒粉、金邊粉、乾粉條等，一般會以新鮮為主，質感綿軟，未加熱時會比較硬挺，當加熱後就會變得軟綿綿，滑溜溜，還要有點燙口，才好味道。尤以沙河和陳村最為港人熟悉，山河粉質硬挺，厚身，粉條之間含有大量油脂，但米味很香，半透明，具彈性但比陳村粉弱。陳村粉質感纖薄，具彈性，透明狀，粉與粉之間少有油脂，頗適合蒸、炒、撈。金邊粉又名泰式河粉，粉條幼細，厚度介乎在沙河和陳村之間，彈力足，滑嫩、質感細緻柔軟，放湯、乾撈或炒都很合適。

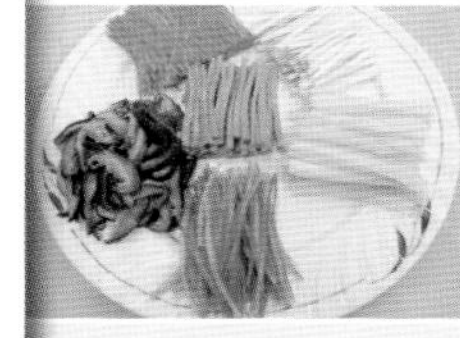

[材料]

河粉 450克
本地肥牛肉 200克
薑 2片
蒜頭 .... 2粒，拍扁
銀芽 300克
洋蔥 .... ½個，切絲
韭黃 ...... 10克，切段
蛋絲 50克
炒香芝麻 1湯匙

醃料：
美極鮮露 1茶匙
沙茶醬 1茶匙
豉油 1茶匙
黃糖 1湯匙
紹興酒 1茶匙
生粉 1茶匙

調味：
老抽 1湯匙
鹽 1茶匙
糖 1茶匙

[原來是這樣做]

1. 牛肉切薄片，厚約1毫米，加入醃料撈勻，醃5-10分鐘。
2. 鑊燒至大熱冒煙，下2湯匙油，放蒜頭爆香，倒入牛肉，快手炒至八成熟，盛起。
3. 銀芽沖洗，瀝水，熱鑊燒至冒煙，下油和薑片，倒入銀芽，灒酒，以猛火快手炒1分鐘，倒出瀝水。
4. 熱鑊下油，放入蒜茸和洋蔥絲炒至有香味，盛起。
5. 熱鑊燒至冒煙，下油2湯匙，放入和河粉，轉中慢火，用筷子輕輕兜撥待河粉熱透，加入調味拌勻，再加入銀芽、洋蔥絲、韭黃、蛋絲和牛肉撈勻，最後撒上芝麻便可。

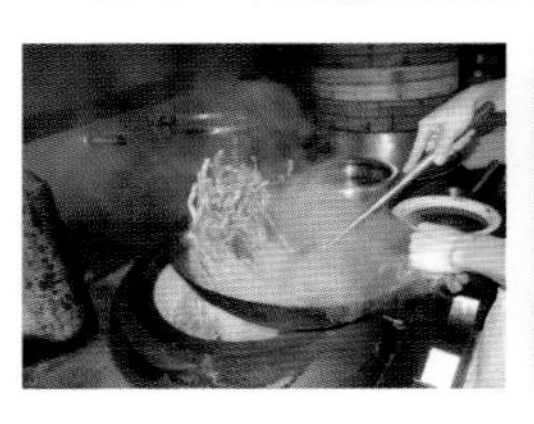

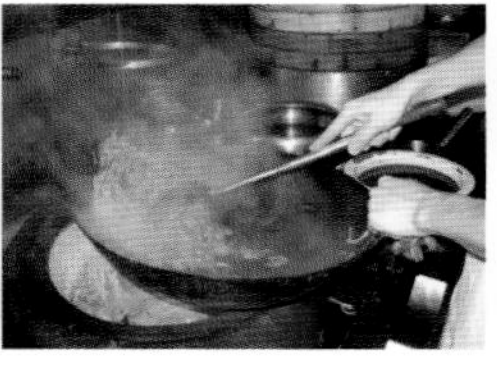

牛肉入味 ▶ 炒銀芽 ▶ 炒河粉 ▶ 下調味 ▶ 所有材料撈勻

伊秉綬與伊麵

廣府人的壽宴多有一窩伊麵上席，也有人送壽禮捎上一盒伊麵。這伊麵可説是當代方便麵的始祖，其發明者是來過廣州多次的福建汀州人、曾任廣東惠州太守的清代詩書家伊秉綬。

伊秉綬於嘉慶四年(1799)出任惠州太守，任職期間，業餘常與文人墨客唱和，客人來了一批又一批，以致家中廚師供應食品應接不暇。後來，不愧是聰明才子的伊秉綬，想到一個烹製方便麵之法，解決了客人隨時來到皆有可口食品的問題。伊秉綬讓廚師用麵粉加雞蛋摻水和勻後，製成麵條，卷曲成團，晾乾後下油鍋炸至金黃色，然後收起來備用。客人來了，把這種麵放於開水中，再加上佐料，加蓋一會兒，便成可口的食物。

一次，主持惠州豐湖書院的詩人、書法家宋湘到伊秉綬家，吃到了伊府這種特製麵條，不禁好奇而問其名。伊秉綬説此乃伊家所創，尚未有名，還告知製麵之法。宋湘聽罷，莞爾而道：“如此美食，竟無芳名，未免委屈。不若取名‘伊府麵’如何？”席上客人一致贊成。後來伊府麵製法傳開，人們又簡稱“伊麵”。

伊秉綬於嘉慶七年(1820)離開惠州返鄉，十六年(1811)再來廣東，曾在廣州住了一段時間，交了不少文友，寫下《越王台》等一批詩篇，並留下自己的詩集稿《留春草堂詩鈔》在廣州刻印出版。1814年，《詩鈔》出版。次年伊秉綬病逝於揚州。訃告傳到廣州，舊友在長壽寺設靈哀悼，名詩人張維屏還作祭文稱讚伊秉綬的一生。

伊太守雖然逝世，但其獨創的伊麵卻在廣州生根，成了人們喜愛的食品。可惜伊麵的特點未為國人所光大，倒是外國人用差不多的方法製出方便麵，後來再傳入中國。人們時興起吃方便麵時才悟到：伊麵的製法可稱中國最早的方便麵！

1 伊麵因經油炸，十分肥膩，給人總是油淋淋的感覺，必須用熱水焯煮，方可把表面油脂去掉，但不要煮太久，令麵條變太腍。

2 麵質經焯煮變腍了，所以燴煮時不要過火，否則會變成爛糊狀，難吃又不賣相不佳。

3 韭黃不熟也無大礙，俗語有說："生葱、熟蒜、半生韭"，表示這三種材料的熟度的基本標準。

4 茹素的人士，可改用素蠔油，走掉韭黃便可。

傳統方法做伊麵是把麵條做好，放油鑊內逐個油炸，然後取出瀝油，時代轉變，伊麵開始從人手運作而轉變為半機械運作，麵條會比較乾身，不會有那麼多炸油

瀉出。好的伊麵是麵條粗幼均一，能充份發脹，色澤淺金黃，麵條炸得通透，沒有"油益味"，大個的伊麵能烹煮後約兩人份量，小的伊麵則只有1人份量，但因其用油炸，比較肥膩，不宜多吃，偶而吃之，滿足一時口腹便可。

[材料]

小伊麵................2個
罐裝草菇......40克，飛水開邊
韭黃......10克，切段
銀芽..............150克

調味：
蠔油..............1湯匙
上湯..................⅓杯
老抽..............1湯匙
鹽..................¼茶匙
糖..................1茶匙
生粉..............½茶匙

註：
可加入瘦肉絲，增加風味。處理時先用適量鹽、糖、生粉、紹酒和油拌勻略醃，然後走油，即可。

[原來是這樣做]

1. 伊麵放熱水中焯軟，撈出過冷，瀝水備用。
2. 銀芽沖洗，瀝水，熱鑊燒至冒煙，下油和薑片，倒入銀芽，灒酒，以猛火快手炒1分鐘，倒出瀝水。
3. 調味拌勻，備用。
4. 熱鑊下油1茶匙，放入草菇和已焯煮的伊麵，加入調味拌勻，煮至麵熱約5分鐘，最後加入銀芽和韭菜拌勻，上碟。

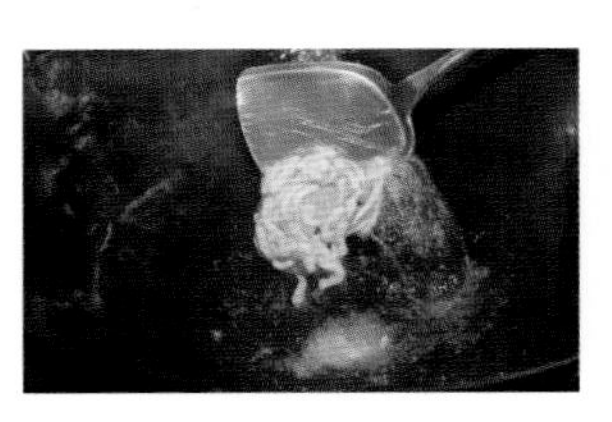

焯伊麵 ▶ 炒銀芽 ▶ 炒草菇和伊麵 ▶ 下味炒勻

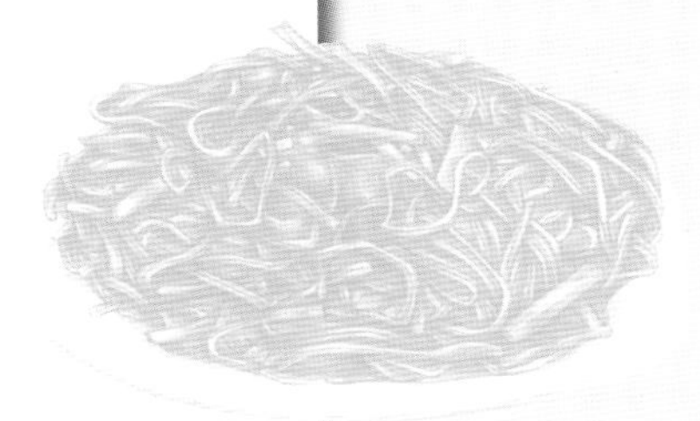

菜式點評：
蟹鮮飯香，蟹子黃澄，鮮味十足，入口有點韌中帶嚼勁，飯味香溢，飯焦脆卜卜，蔥味兼風味獨特，滋味十足

瓦罐禮雲飯

“禮雲子”這個名稱現在已鮮為人知了，以“禮雲子”做菜就更為罕見。所謂“禮雲子”，即蟛蜞腹中自卵子。蟛蜞是粵人的俗稱，學名叫相手蟹。

蟛蜞卵之所以稱“禮雲子”，據説與廣州話“來”“禮”同音有關。當蟛蜞卵煮熟時，有一塊紅似雲彩，仿佛從天外飄來，故美其名曰：“來雲子”。後有文人廚子，上菜牌時，易為“禮雲子。”

説起“禮雲子”這道菜的來歷，還有一個有趣的故事。

相傳，從前番禺有一個叫看鴨寬的人以養鴨為業，常年在溪涌、水田邊捉蟛蜞來喂鴨，鴨子因而長得十分肥壯。

一天，他在田間開鍋煮飯，正巧老友大聲公携酒而至，看鴨寬自然留老友吃飯。

一會兒，看鴨寬在田間摘了菜，又從河裏撈上魚，烹煮一番。於是，二人飲酒食菜，可謂不醉無歸。但酒過三巡之後，兩人都覺得還不過癮。

這時，看鴨寬見到一群蟛蜞在石縫中跑來跑去，腦中頓起一個念頭，於是笑對友人説：喂！大聲公，你敢唔敢食蟛蜞？”

大聲公一楞，“咦”一聲説：阿寬，乜蟛蜞人都食得？

看鴨寬笑了，説：其實，人食鴨，鴨的味道好，離不開喂蟛蜞。如此類推，蟛蜞一定好食！

大聲公卻説：阿寬，這不成理由。比如豬食草，人食豬肉，但為何人唔煮草食呢？

於是兩人你一言我一語爭了起來。

這時，恰有一相識老農經

過，聞言哈哈大笑，説：口爭不如口試。等我捉蟛蜞，由阿寬煮了先試，然後再定勝負，好唔好？

“好！”看鴨寬叫了一聲。

過了一陣，老農果然捉了十隻八隻蟛蜞上來，由看鴨寬用油煎炒。嘩！一股香味直沖鼻孔。炒好的蟛蜞裝在碟子裏，黃燦燦、亮閃閃地滿滿一盤，好不誘人！看鴨寬撿了一隻小的放到口裏一試：哇！咯咯脆！於是連皮帶骨都吃了下去，再呷一口酒，真是美味無窮！

看到看鴨寬笑眯眯、滋滋有味地吃起來，大聲公也取來一隻一試，哈！果然美味。接着老農也夾了一隻放到嘴裏。三人立刻哈哈大笑，慶幸找到了如此美食。

以後，油炸蟛蜞就成了農家的一道美味。

再説，看鴨寬知道每年清明前後，正是蟛蜞產卵孵子的季節；蟛蜞身上有不少卵子，能不能吃、好不好吃呢？他靈機一動，捕回蟛蜞取其腹中卵子，放在瓦缶焅飯裏一焗，咦，其味遠在蟛蜞之上。此後，不少農家都仿做這道菜。

大約在清光緒年間，西關不少酒樓，每到清明前後，便四處收買蟛蜞卵，開設這道菜，名曰“禮雲子”，深受食客歡迎。

禮雲菜有四種：禮雲黃布蛋、禮雲扒鮮筍(茭筍)、禮雲扒冬菇、瓦缶焅禮雲飯。如今，由於生態環境變化，蟛蜞已成奇缺之物，如讀者想品嘗“禮雲子”可到番禺化龍鎮一帶食肆尋求一試。

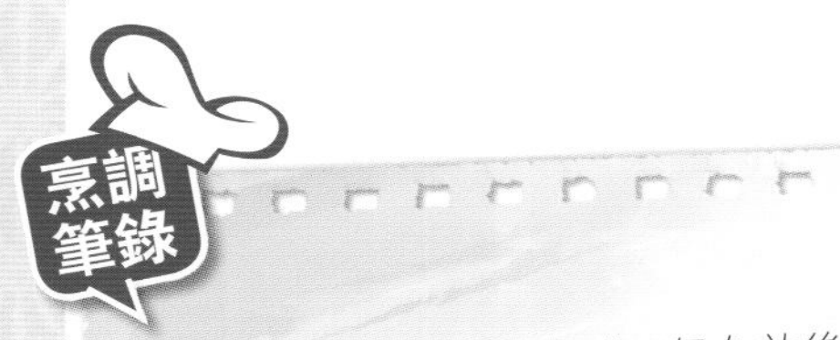

1. 新鮮的禮雲子是黃澄澄，但久放後會變棕褐色，味道也會走失一點。
2. 蟛蜞因個子小，一般情況，只用刷刷洗乾淨，但不會挖去內臟，所以食用時需自行取掉。
3. 米粒用蒜茸和薑米炒過，可增強飯香氣。
4. 米粒因預先浸水，吸收了水份的米粒，會比較容易熟透。

蟛蜞是廣東省順德縣溪澗裡的一種迷你小蟹，屬於鹹淡水交界的特種水產，蟹身如倒轉梯形，蟹箝垂下，如雙手抱胸，因為遇襲時會豎起一雙蟹鉗保護自己，看起來卻好像向人敬禮一樣，所以又叫"相手蟹"，樣子趣怪，味道鮮美，但肉很少，常為饕餮一族，津津樂道者，莫如是母蟛蜞的卵子，每年在牠們交配後，還未「散春」便被捕捉，取走其卵，叫做「禮雲子」，味道鮮美，數量很少，加上只在清明前後才能獲得，非常珍貴的食材，及後，隨山澗河流的水質變壞，賣少見少，身價暴漲。昔日牠也曾在香港小溪岩邊現足跡，其味道猶勝蝦子和大蟹子，鮮味無比，至今還令許多上了年紀的港客，念念不忘。

[材料]

粘米 200克
水 210克
蒜茸 1茶匙
薑米 1茶匙
蟛蜞 6-8隻
禮雲子 2湯匙

[原來是這樣做]

1. 禮雲子炒香，備用。
2. 蟛蜞擦洗乾淨，備用。
3. 粘米洗淨，用清水浸10分鐘。
4. 熱鑊下油，放入蒜茸和薑米爆香，加入已浸粘米略炒，放回瓦鍋連浸米水同煲15分鐘。
5. 待米粒變熟，出現小孔，放入已炒香的禮雲子和蟛蜞，續煮至飯熟約5-8分鐘，熄火焗5-10分鐘，即可。

▶ 炒禮雲子和洗蟛蜞 ▶ 炒米煮飯 ▶ 放禮雲子和蟛蜞 ▶ 熄火焗飯

黃鱔焗飯

黃鱔焗飯，關於它的起源，民間流傳著這樣一個故事：

據説在清道光十年間，有一個讀書人從順德進城來，一心苦讀經文，祈望有朝一日能金榜題名、衣錦還鄉。但是因不諳官場事體，每每總是名落孫山。

不知不覺，此人已是年近半百，滿鬢斑白，但功名卻依然像水中月霧中花一樣可望而不可即，因而也漸漸死了這份心，心想不如做個教書先生教些學生，以免自己徒有滿腹經綸。

於是，不久他就回鄉辦起了一間私塾，取名“雅文書館”。這個老儒生教起書來，每每搖頭擺腦，自我陶醉，但從不責罵學生，所以學生們也不怕他，背地裏叫他“好好先生”。

好好先生年青時醉心仕途，所以年近半百仍沒有妻室。不久就有好心人將一個年近40的女子介紹給他。好好先生有自知之明，也不作什麼挑揀，選了個黃道吉日便結成夫妻，總算也體會到了洞房花燭夜的快樂。

兩年後，好好先生的妻子有了身孕，好好先生心中自是高興，對待學生更加慈眉善目，念書時搖頭晃腦的幅度也更大了。

10個月後，其妻分娩，生下個肥肥白白的孩子，但見他五官端正，天庭飽滿，雙眼圓碌碌的，似有魁星之相，夫妻兩人不禁相視而笑。

不料百日過後，好好先生的妻子得了一種產後病，血流不止，手足麻痹，日見消瘦。這不免給好好先生的喜悦中帶來了憂慮。

好好先生自然天天帶妻子去求醫問藥，但醫生有的説是血少氣虛，有的説是產後風，用了不少當歸、北芪之類補藥，10多

菜式點評：
鱔肉爽脆味鮮，皮脆肉嫩，纖維細緻，彈性足又嚼勁，飯味香溢，特別是瓦煲飯焦，與上湯泡軟，脆中帶飯焦香，堪稱一絕

天過去卻沒有什麼效果。於是此事成了好好先生的心頭大石，教書也漸漸沒了心思。

鄰近的人也你一方我一法地幫着出主意，但妻子的病卻日漸加重，好好先生不由得心急如焚，時時看着老妻幼子暗暗垂淚。

一天，事情傳到了一個摸螺捉蛇的老農耳裏，老農説：其實此乃產後淋瀝症，是產婦失血太多，傷了宮胞之絡。最有效的不是當歸北芪，而是以血補血。

有好心人將話傳給好好先生，好好先生一聽覺得有理。於是立刻出了書館，來到橋邊，拜會老農，將妻子的病情詳細地説了一遍，請老農指教。

老農聽了説：先生，難得你一個教書人如此相信我這粗腳人，現在就教你一個秘方。

於是老農遂教好好先生：你在煮飯下了米之後，取一條活黃鱔洗乾淨，將尾剪去，然後速將黃鱔蓋入米煲中。黃鱔一游動，血就與米和勻了。飯好後，加薑汁、油、鹽調好再吃。這條是以血補血之妙法。

好好先生聽了很高興，隨即向老農買了三五條黃鱔，帶回家中如法炮製。煮好後一試，覺得味道也很好。

好好先生的妻子吃過這種黃鱔飯後，漸漸覺得四肢有力，1個月後，病竟全好了，而且面色紅潤，像個30來歲的少婦。

這天，好好先生來到橋邊拜見老農，先是千謝萬謝，然後説：仁兄，你這一種民間驗方，竟未料有如此神效，不知如何謝你才好？

老農笑笑説：救人不圖報。不過如果能通過先生讓世人知道，黃鱔不但好吃，而且可以增血補氣，強身健體，讓黃鱔飯廣為流傳，也就不枉我老漢幾十年如一日地捉鱔賣了！

好好先生聽了哈哈一笑説：真想不到仁兄還有此心願，好，我一定盡力而為。

原來好好先生有一個學生，父親在省城開飯店，是“耀記飯店”的店主。

次日，好好先生與耀記店主説起此事，還未等他説完，耀記店主便大聲叫好。

不久，好好先生將老農介紹與他相識，兩人一拍即合。於是老農受“耀記”所聘，專製黃鱔飯，取名“生捐黃鱔飯”。以後，又有薑汁黃鱔飯、黃鱔煲、炒鱔片等菜式陸續推出。“耀記飯店”因此名氣越來越大，後人也就將這個故事傳了下來。現在“黃鱔捐飯”也非常受食客歡迎，還有人專門經營“黃鱔飯”。番禺碧桂園附近就有一間專門店，生意非常興旺，食客不妨前往品嘗。

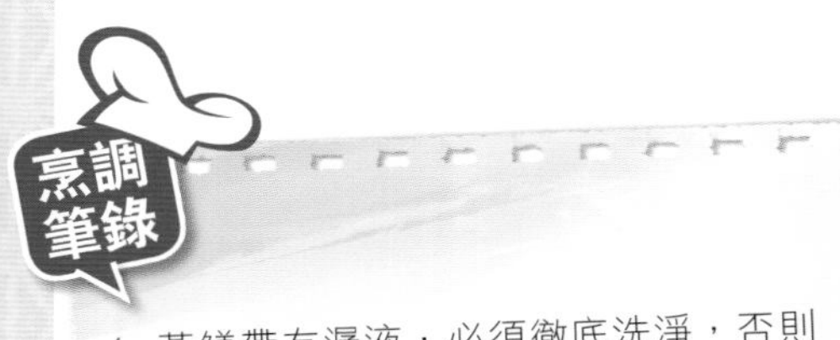

1. 黃鱔帶有潺液，必須徹底洗淨，否則鱔肉表面的外層會滑潺潺，不好吃。
2. 鱔肉含血腥味，未必人人受落，可加入冬菇絲和瘦肉絲同煮，味道提升，還能增加進食的層次，香氣更盛。
3. 瓦煲以慢火燒熱，令煲溫慢慢提升，不易燒壞，有助煲飯時產生飯焦。
4. 飯焦很硬，對於腸胃不好的人，不宜多吃，利用上湯泡軟，味道更佳。

黃鱔屬農家常用食材，生長於農田河溪之間，屬河鰻一種，以捕食小魚、小蝦、蚯蚓為主，蛋白質甚高，因為時常受到河水流動衝擊，運動量大，肉質堅實富彈性，其生命力強，雖然死了其肉體的神經仍然發達，久久不死。

[材料]

黃鱔肉............450克
粘米 200克
清水 210克
上湯 ....500毫升，煮飯焦用

醃料：
鹽...................½茶匙
糖................... 1茶匙
生粉 1茶匙
胡椒粉...............少許
麻油 ....少許
薑汁 1茶匙
紹興酒............ 1茶匙

伴飯醬油：
葱粒 1湯匙
薑米 1茶匙
醬油 3湯匙
糖................... 1茶匙

[原來是這樣做]

1. 黃鱔肉用少許鹽擦洗，放暖水去潺液，用小刀刮掉潺液，洗淨，放醃料撈勻，備用。
2. 粘米洗淨，放清水浸10分鐘。
3. 瓦煲掃點生油，用慢火燒熱，倒入粘米略炒，注入米水，以大火煮滾，改用中火煮10-15分鐘。
4. 待飯面出現小孔，仍保有少量水蓋面，放入黃鱔肉，收慢火續煮至全熟，需時約10分鐘，熄火，焗5分鐘。
5. 可與伴飯醬油享用，吃罷，用上湯與飯焦同煮至滾沸，便可熄火撈勻吃掉。

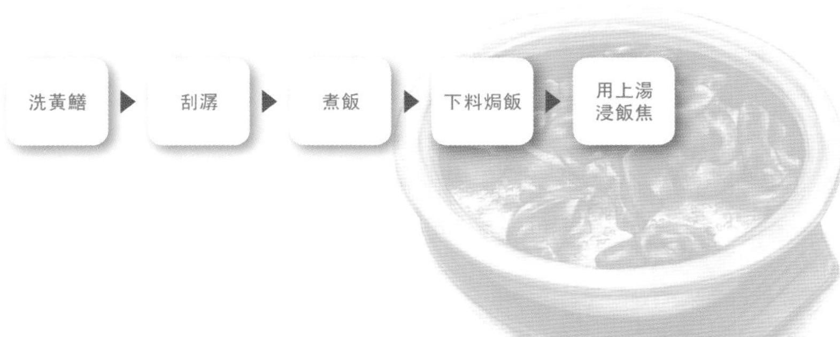

洗黃鱔 ▶ 刮潺 ▶ 煮飯 ▶ 下料焗飯 ▶ 用上湯浸飯焦

清香荷葉飯

清香荷葉飯，簡名荷葉飯。

又有叫"漂爽荷葉飯"(因荷葉會漂)或"避暑荷葉飯"的。

相傳清末，在西關逢源北街，有一個姓李的老商人，天天南來北往。

有一年，正是夏暑天時，烈日當空。

李某一天回到家後，即中暑感發熱，一病不起，乃至不思飲食，奄奄一息。家人幾經延醫無效，為此十分心焦。

這天，街中有一走方醫生"洞洞"擊鼓經過，口中叫道："有乜(什麼)奇難雜症，開聲包醫，切莫延遲！"

講完後，又"洞洞洞"，敲幾聲響鼓。

李家之人聞聲出門招呼，請他到裏面為老人診脈。

此人診過脈後，說："老人外感暑郁，積困五臟之腸胃，非當歸北芪補藥之能事，宜清補相兼。"

李家人點點頭，又問："大夫，如何清補呢？"

方醫笑道："藥補不如食補！"

言罷立刻取筆開方，方上寫著：

清香荷葉包米二兩蒸飯，內加瘦肉一兩。

李家人接過藥方，付過診金，言聲多謝，方醫遂又"洞洞洞"敲鼓而去。

李家人按方蒸飯，立刻滿

屋香溢，老人聞之食指大動。

吃過此飯，老人不久便漸有神氣，幾日後，暑病告愈。

於是，老人以後逢人即說此方之妙，結果不少人紛紛效之。

於是，荷葉飯便成為西關人的避暑食品。有人覺得它味道好，再加鮮菇、竹筍、鮮蝦等配料，取名“清香荷葉飯”。

後來，通過廚師們進一步將其完善，再加雞肉、瑤柱、蟹肉，取名“上品荷葉飯”而成招牌菜式。

1. 鮮荷葉味道清淡，屬時令物料，在夏天最易找到，因為六月荷葉開，過後花殘葉凋，過了八月已不易找到，所以選用泰國的乾荷葉，沒有鮮荷葉的香味，其味道濃郁，但味道與鮮荷葉屬兩種不同味道，但作為添加飯香，未嘗不可。
2. 炒飯需要把鑊燒至冒煙，炒飯才有行內人稱的“鑊氣”，飯粒在鑊中如跳舞般，不停跳動，那麼它才被炒得熱透有香味，粒粒獨立，不會黏在一起。
3. 炒飯用的飯宜用涼凍略硬的飯粒，因為水份少了，當加熱時飯內的水份會受熱排出，令飯粒變軟，所以飯粒過濕，容易出現糊口的弊病。

荷葉是睡蓮的葉子，主要的化學成分包括荷葉鹼、檸檬酸、蘋果酸、葡萄糖酸、草酸、琥珀酸及微量鹼性成份分，從中醫角度分析，它具有解熱、抑菌、解痙作用。在二十四節令，處於炎夏的大、小暑的日子裡，港人愛煲冬瓜水消暑，當中用料會有燈芯花、生薏米、熟薏米、木棉花、茨實、赤小豆、扁豆、陳皮和荷葉等，味道甜美，可作湯品或茶水飲用。聰明的人還借用其香味包雞蒸、焗鴨、點心等，提升食物的香味。

[材料]

鮮荷葉 / 乾荷葉......1片
絲苗米飯............200克
瑤柱10克，浸泡兼蒸熟
熟蟹肉..................40克
雞肉粒..................40克
蝦仁.....................40克
雞蛋.......................1隻
熟冬菇......3-4隻，切粒

調味：
鹽...................... ½茶匙
糖........................1茶匙
胡椒粉................. 少許
麻油.................... 少許

[原來是這樣做]

1. 荷葉飛水，過冷，瀝乾。
2. 熱鑊下油，放少許蒜茸爆至出味，加入蝦仁和蟹肉快炒，盛起。
3. 熱鑊下油，放入雞肉粒快炒，下點蠔油和糖炒勻，盛起。
4. 熱鑊燒至冒煙，下油，放入雞蛋略炒散，倒入絲苗米飯炒散，下調味料炒勻，倒入其餘材料炒勻，放進荷葉內包裹。
5. 轉放蒸籠以大火蒸5分鐘，即可。

焯荷葉 ▶ 炒配料 ▶ 炒飯 ▶ 包在荷葉上 ▶ 蒸飯

點心小吃

點心的由來

廣府人，早上到茶樓"一盅兩件"品嘗"點心"，已成為廣州人飲食文化的一個組成部份。

"點心"二字由來已久。據清人梁紹壬撰文載："今以午前午後小食曰'點心'。按《唐書》載，鄭參為江淮留守，家人備夫人晨饌。夫人顧其弟曰：'治狀未畢，我未及餐，爾且可點心'。此二字見記載之始。"寧人莊季裕《雞肋編》中載："上(指皇帝)微覺妥，孫見之，即出懷中蒸餅云：'可點心。'"由上記載可見，"點心"二字早在唐朝就出現了。而且唐朝以後，人們在饑餓時略進食物稱之為"點心"。原本並不是一種充當正餐的小吃。當然，久而久之，"點心"二字的詞義發生了變化，成了某食物的代名詞。如現在我們就把糕餅之類的小食品稱為"點心"。

還有一種説法：據傳，宋代女英雄梁紅玉擊鼓退金兵時，見將士們日夜浴血奮戰，英勇殺敵，屢建功勛，很受感動。於是，命令部屬烘製各種民間喜愛的糕餅，送往前綫，慰勞將士，以表"點點心意"。從此，"點心"一詞便出現了，並沿襲至今。

1. 餡料要攪至出現黏稠帶膠質，肉餡才有嚼口和彈力。
2. 肉餡含有肥肉和豬油，確保蒸後製品有肉汁兼嫩滑脍軟，味道豐盈。
3. 包燒賣時，拇指和食指造成圓形，才能餡料的圍邊修好，輕輕用其餘手指按壓，方可出現修腰的優美形態。
4. 保持製品的鮮、嫩、幼滑、汁多，原汁原味，進食前才蒸，否則肉餡會變得僵硬無汁。

美食札記

早期燒賣用料比較簡單，只有豬肉和一些冬菇，及後加入蝦粒以增強鮮味，提高銷售競爭力。

點心師傅因為很早便上班，所以很多時會在下班前，先把燒賣皮準備才下班。

中國烹飪大師、南粵點心泰斗之一，何世晃先生《粵點詩集八十首》對廣式點心的評價：“精小雅致，款式常新，料鮮味美，適時而食，洋為中用，古為今用的特色，名物中外。它是歷代名師遺留下來的一份豐富的文化財富，是現代名師在繼承優良傳統技術的基礎上，以政超前人的氣魄，勇於改革，勇於創新，並以科學的理論為根據，融滙南北之精華，綜合中西的特點及長期實踐積累的豐碩成果。”

[材料]

黃皮(燒賣皮)...40片
蟹子 .... 適量，裝飾
蝦仁 ...... 40隻，放面

餡料：
蝦肉 400克
濕冬菇粒 30克
瘦肉粒 225克
肥肉粒 113克

醃料：
味粉 8克
鹽 8克
豬油 19克
糖 38克
胡椒粉 .... 少許
麻油 19克
生粉 14克
發粉 4克
冰粒 38克

[原來是這樣做]

燒賣

1. 把瘦肉、鹽、生粉和19克清水拌至起膠，加入冰粒攪拌至完全融和，再加入其餘材料拌勻，。
2. 把4錢(15克)餡料放在一片燒賣皮上，輕輕捏實，呈小修腰狀。
3. 面放一粒蝦仁，再放點蟹子裝飾，後轉放蒸籠上，以大火蒸8-10分鐘即成。

攪餡 ▶ 入味 ▶ 包燒賣 ▶ 蒸熟

包子的由來

飲杯茶食個包，是廣府人通常之舉，很多酒樓市肆以“叉燒包”、“生肉包”、“雞球大包”為賣點，以廉價銷售，招徠顧客，所以，引申出賣便宜貨為“賣大包”之民間諺語。其實關於“包子”的由來，還有一段與三國時期諸葛亮有關的趣事。

饅頭是如今中國老百姓的日常食品。而在古時候，饅頭是有餡的，後來才把有餡的叫做包子，無餡的稱饅頭。今天在吳語區，饅頭仍包括有餡和無餡兩種食品。如上海的南翔小籠饅頭實上就是包子。

據說饅頭(即包子)是三國時期諸葛亮發明的。諸葛亮收服孟獲後班師回朝，走瀘水時，突然狂風大作，濁浪滔天，大軍無法渡河。前來送行的孟獲說：這是水底冤魂在作怪，必須用49顆人頭祭供。而諸葛亮不肯用人頭祭怪，便想出一個絕妙的辦法。他讓軍士把牛羊羔豬肉剁成餡，外麵包上麵粉，做成人頭的模樣，蒸熟後親自祭拜一番，再扔進瀘水。頓時，瀘水風平浪靜，大軍順利渡過了河。後來，人們便據此做成了饅頭，吃起來味道極好。由於孟獲所在的地方古稱蠻地，有常以人頭敬神的習俗。諸葛亮用麵包肉做成人頭的樣子，這種祭品被稱為“蠻頭”，後來才逐漸改稱為饅頭。其實，如今廣府人食的包子是由饅頭演變過來的泊來品。

1 麵粉和油混合成糰是不會發酵；麵粉和水搓勻，置於室溫下便可自然發酵。

2 麵種不能完全用掉，必須留“種”作下次使用。

3 麵種不會繼續使用，可用密封袋可貯於冰格內，可保存3個月。當使用時，取出解凍，隨時使用。

4 這種麵糰已含麵種成份，可以即做即用。

5 芡汁一定要完全熟透，否則會變回液體狀。

6 芡汁必須徹底涼透才可以放入叉燒埋餡，因為涼透的芡汁會比較硬一點。

7 叉燒包的爆合處輕輕察看是否有不熟狀況，可多蒸1-2分鐘。

菜式點評：
叉燒片如拇指甲般大小，包皮潔白，包頂呈三瓣，芡汁金黃有流質感

最早期的叉燒包因用饅頭皮做，頂部不破裂，及後，加入麵種和臭粉，才會令包頂裂開。

[原來是這樣做]

麵種：

1. 把第一次發酵材料混合搓勻成糰，置於已清潔的密封瓶貯存17小時。
2. 發酵後取出，看一看麵糰是否呈蜂巢質感(意即麵糰糯軟而有明顯小孔的狀況)，便是第一次發酵(即新種)。
3. 把第二次發酵的材料拌勻，放入已清潔的密封瓶內貯放17小時(這時的麵種的質感會比新種浮軟一點)。

叉燒包皮：

4. 先將砂糖、麵種、臭粉和梘水混合，用手搓揉至糖完全溶解。
5. 加入其餘材料搓揉成軟滑粉糰。

叉燒芡汁：

6. 調味料用Q斤(300克)清水調開。(除粟粉和生粉外)
7. 熱鑊下油1兩(38克)爆香薑、葱，注入1.5斤(900克)清水和橙紅粉滾至料頭出味，撈出料頭，倒入(1)，再次煮滾，倒入粉漿快快推開，並且剷至大滾，呈大水泡狀便可。
8. 叉燒切成指甲片狀，加入已涼透的叉燒芡汁，備用。

組合：

9. 糖皮分成16份，每小粉糰輾成直徑約7厘米(約2.5吋)，厚約½厘米，四周薄而中間厚。
10. 包上餡料8錢(30克)，墊上包底紙，放蒸籠以大火蒸6-7分鐘。

[材料]

麵種：

第一次發酵(新種)：
麵粉 ....4兩(150克)
清水 ....2兩(75克)

第二次發酵：
麵粉 ....4兩(150克)
清水 ....2兩(75克)
新種 ....5錢(19克)

糖皮(即叉燒包皮)：
麵種 ....1斤(600克)
砂糖 ....6兩(225克)
臭粉 ....1錢(4克)
梘水 ....¼湯匙
清水 ....1兩(38克)
豬油 ....2錢(8克)
麵粉 ....6兩(225克)
泡打粉(發粉)....2.5錢(10克)
生粉 ....5錢(19克)

叉燒包
糖皮 ....½份

叉燒包芡汁：
薑..................................2片
葱....................1兩(40克)
鹽......................2錢(8克)
砂糖 ....8兩(320克)
生抽 ....2兩(80克)
老抽 ....6錢(24克)
蠔油 ....3兩(120克)
麻油 ....1兩(40克)
清水 ....2斤(1280克)
橙紅粉.......................少許
胡椒粉.......................少許
粟粉 ....2兩(80克)
生粉 ....2兩(80克)

叉燒餡：
叉燒 ....6兩(240克)
叉燒芡汁 ......7兩(280克)

菜式點評：
一籠蝦餃重2兩8錢（105克）是香港標準。皮薄餡爽，有鮮味，褶紋清晰，晶瑩通透，13綹褶，弧形（新月形），小修腰

薄皮鮮蝦餃

"餃子"漢代時稱"餛飩"；晉、唐時期稱"牢丸"、"扁食"；宋元時稱"角子"；到明代開始稱為"餃子"。餃子是中國北方流傳很久的一種面、餡食品。民間流傳的一句話："好吃不過餃子"，只不過各地有不同的講究和餡心的用料標準，餃子因餡心料配製不同，可分為葷餃和素餃兩大類型。葷餃種類很多，常見的有三鮮餡、鮮魚、鮮牛肉、豬肉、羊肉餡等；素餡大多以蔬菜為主料，摻入豆製品如豆腐、麵筋、粉條，並多用一些植物油，以增加餡心黏性，便於上餡和成型。由於餃子餡料的不斷創新，故形成了不同的地方風味。廣州人喜歡吃鮮，製作的餃子也別具一格。薄皮鮮蝦餃是廣州茶樓傳統名點，食者讚不絕口。

蝦餃始創於20世紀20年代廣州市河南伍鳳村的一間家庭式小茶樓。相傳，當時伍鳳村很繁盛，環境幽美，河面經常有漁艇叫賣魚蝦。茶樓老闆為了招徠顧客，便別出心裁，收購當地出的的鮮蝦，再加上豬肉、筍等原料做成餡料，製成蝦餡餃，其形如彎梳狀，皮厚，味道鮮美，一下便馳名羊城。後經點心師研究仿製，便成為茶樓的必備名點。

1 蝦餃皮在淥皮的技巧上要小心，熟皮與沖水的時間要配合得宜。

2 生粉和澄麵粉的搓揉結合是成敗的關鍵。

3 皮糰的軟熟度和韌度是否配合。

4 開皮時用巧勁，陰柔力，薄而手勢流暢，一刀完成。

5 摺蝦餃皮時，運用拇指定位，食指推送的頻密度。

昔日，香港九龍城西南酒家人稱"師父棠"所做的蝦餃堪稱蝦餃皇，可惜結業。蝦餃是點心四大台柱之一，人們享用一盅兩件時，總要點上一籠才覺得自已算得上是茗茶吃了點心，如果沒吃，便心裡忐忑，總覺欠缺甚麽似的。

[材料]

蝦餃皮........5兩(19克)

蝦餃皮：
乾生粉......6兩(225克)
生油 ....5錢(19克)

熟粉糰
澄麵 ....8兩(300克)
生粉1..... 兩5錢(56克)
大滾水.... 16兩(600克)

餡料：
每隻重.... 約4錢(15克)
蝦肉 ....3兩(113克)
冬筍粒.. 1兩(38克)，飛水

調味：
鹽.................5分(2克)
雞粉 ....8分(3克)
糖.................1錢(4克)
麻油 ....6分(2.5克)
胡椒粉.................. 少許

[原來是這樣做]

蝦餃皮：
將澄麵和生粉同置碗中拌勻。大滾水立即沖入澄麵混合物內，快速拌勻。靜置約3分鐘後等待澄麵混合物變作熟粉糰。加入乾生粉和生油按壓成糰，再用保鮮紙封好，備用。把粉糰分成若干份，搓長，撕成小粒，按扁，用開皮刀壓薄。

餡料：
蝦肉拍爛大力攪至呈彈性，加入調味拌勻，再拌入筍粒，置冰箱中冷凍30分鐘。

組合：
先將蝦餃皮搓幼、切粒(重約4錢或15克)，用刀壓薄成圓片，直徑為5厘米，厚約2毫米。在餃皮上放入餡料，對摺成半月形。用大拇指定位而食指向左、右移動，從右推向左邊(可按個人習慣)，封口，便成蝦餃形，以大水蒸3.5分鐘便成。

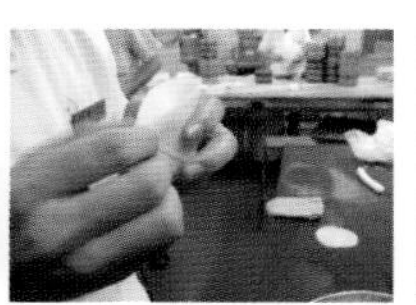
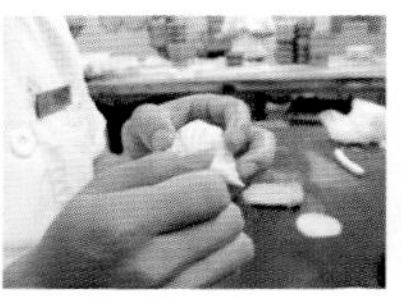

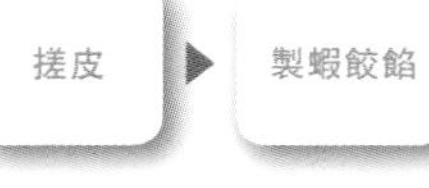

開皮

蒸餃

娥姐粉果

粉果又名粉角，在明末屈大均寫的《廣東新語卷十四·食語》一章中早有記載。

但西關的娥姐粉果，源於清光緒二十年左右，並且有一個故事。

相傳，當時廣州西關上九甫路，有一間“上九記”的小食店，初賣粥粉為主，生意倒也興旺，不料後來附近也陸續開了不少粉麵店，並有新的名食以招徠顧客。上九記因品種陳舊，生意漸淡。主人見生意慘淡，遂將一些雇員解雇。這時，店中有一個叫娥姐的傭人，為人聰明厚道，眼見姐妹漸去，心中難過。一日，娥姐召集眾姐妹一道，共謀不散之計。有人說：“若要眾人不散，除非‘上九記’能創名食，重振聲名，否則必散無疑！”娥姐一聽，覺得話中有理，於是自己帶頭發誓，誓創名食。眾人也跟着一同發誓。

娥姐日思夜想，不久便想出一法：先將米煮成飯，待晾乾後，再磨成細粉；然後以細粉搓作外皮，並下一些芫荽。

這樣，便成了一張綠白相間的粉果皮，十分精美。粉果皮做好後，裏面再以瘦豬肉夾冬筍、蟹黃做餡，包好蒸熟。

蒸熟後的新粉果一拿出來一看，色、香、味俱全，實在非常誘人。眾姐妹一見，個個大喜，再一試，果然味道奇佳。

最後，請來“上九記”主人，品嘗一口後，大叫“奇味”，遂決定精造此品，並取名為“娥姐粉果”。次日，娥姐粉果果然一炮打響。“上九記”的生意又興隆了。不久，“上九記”將以前的僱員再度聘回，並請名人李文田題了金匾。從此，娥姐粉果名聲遠揚。

後來，不少人刻意仿造，再加蝦仁、禮雲子等，變出多種粉果，唯“娥姐”之名不變，一直沿用至今。如今，在珠江三角洲及廣州各大酒樓食肆均可品嘗到。

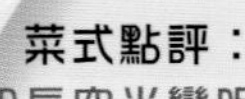

菜式點評：
形如長空半彎明月，餡料若隱若現，用手搖動，其餡仿如有震動之感。皮薄餡靚，刀章細緻，製品充份表現女性溫柔

1. 開皮時外邊周圍纖薄，中央厚，出現窩形如燈盞形，對摺時如橄欖。
2. 粉果皮可先開皮，用濕布包好，按需要才取出使用，避免皮因失去水份而變乾變硬。
3. 餡料的刀工要求精細，狀如指甲片，不能超過5毫米，厚度約2毫米。
4. 餡料鮮嫩，味道能突出，清、鮮、嫩、滑、柔的特點。

粉果歷史悠久，明清時期已在廣東非常流行。民初之時，廣州各酒家、茶樓都已爭相以靚粉果招徠客人。粉果最初是用米飯曬乾後磨成的粉(稱為"飯粉")做皮的，到了大約三十年則才改為用澄麵和生粉代替。餡料多數用豬肉或叉燒、冬菇、筍、蝦仁等，包得滿而不實，皮相對合起來，捏成欖核狀。

[材料]

粉果皮......5兩(188克)

粉果皮
生粉.........3兩(113克)
澄麵粉........2兩(75克)
清水......4.5兩(169克)
滾水.........8兩(300克)
乾生粉......3兩(113克)

餡料
每隻重約....4錢(15克)
木耳絲.............1兩(40)
甘筍絲........2兩(80克)
雞髀菇絲....1兩(40克)
冬菇絲........1兩(40克)

調味
蠔油.............2錢(8克)
鹽.................1錢(4克)
雞粉.............1錢(4克)
糖...........2.5錢(10克)
清水........1.5兩(60克)
生粉.............1錢(4克)
麻油.......................2錢
大地魚末.............少許
胡椒粉.................少許

[原來是這樣做]

粉果皮：
1. 將生粉和澄麵同置碗中拌勻，注入清水拌勻，立即撞入滾水快手攪透，蓋上保鮮紙靜待4分鐘，加入乾生粉搓透成粉糰，疊勻，封上保鮮紙即成。

餡料：
2. 將木耳絲、甘筍絲、雞髀菇絲和冬菇絲一同飛水，熱鑊下油用少許油炒乾，再加入調味煮稠，盛起備用。

組合：
3. 將粉果皮搓幼、切粒(重約4錢或15克)，用酥棍碾薄成圓形，直徑長5厘米，厚約2毫米。粉果皮包上餡料，對摺成半月形，用拇指和食指用力壓封收口，再用鉸模鉸出花邊位，以大火蒸4分鐘，即成。

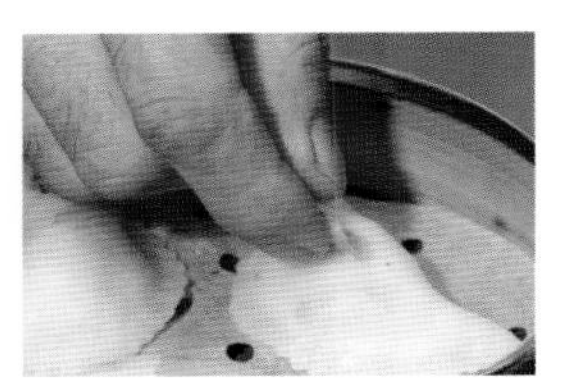

搓皮 ▶ 製蝦餃餡 ▶ 開皮 ▶ 包餃 ▶ 蒸餃

菜式點評：
糕身如雪，表面光亮，不平滑，糕內紋理縱橫兼備，特別是直針紋理，入口清爽

白糖倫教糕

白糖倫教糕是順德的一種糕點。相傳在1855年左右，順德倫教墟有一條涌通往羊額鄉七社(地名)，涌上有一座大石橋，橋頭前有一間專營白粥、糕點的小店，店主原籍番禺潭洲。他製作的糕點，是用橋下涌裏的水，並選擇優質的大米製作。因此，他經營的糕點、白粥十分好賣。

有一次，他的糕點賣不完，留到第二天晚上蒸熱再賣，結果吃起來糕帶酸味，不受歡迎。店主自己品嘗，並細心分析，發現用片糖(黃糖)蒸糕容易變酸，而且口感不爽。於是他下決心在製作技術和用料上再作研究，改用優質上乘的進口(泰國或越南)白米，經過磨漿、過濾，使米漿潔白細滑。他還改用了粗沙糖(白糖)製作，糖水也用雞蛋清過濾。不過製作白糖倫教糕的工序確實是繁雜費時，光發酵就超過8小時，因為它不能用發酵粉。而且，蒸糕時只能逐層蒸，熟後再加漿，每籠白糖倫教糕最少有四五層。由於工序多、米漿發酵時間長，店主晚飯後就要製作，待第二天凌晨起就趕忙蒸糕。這樣，糕蒸好後要有一段時間讓其晾凍，因此，倫教糕一般不熱賣。通過在製作和用料上精心處理，白糖倫教糕變得晶瑩雪白、糕面光亮如鏡，吃起來分外爽口清甜、爽而帶韌、折之不斷，可謂品味獨特，大受歡迎。

此後，這間店製作的白糖倫教糕幾代相傳，其他糕點店的師傅也仿製經銷，使白糖倫教糕名傳省內外，遠至港澳，甚至東南亞地區的茶樓、糕點店也仿作經營。從此，倫教就被外鄉人稱為“糕村”了。當今，“白糖倫教糕”成為廣府流行的民間小食了。

1 倫教糕又稱白糖糕，糖份很重，如果在發酵過程處理不好，容易產生酸味，或是色澤略黃，因為酸鹼度不平衡。

2 採用現磨米漿，質感會顯得細緻柔軟，密度高和米味香濃，不是用一般乾粉可相提並論。

3 用重物壓出水份，米漿的純度高，黏度大，但磨米時用石磨好，因為攪動所產生的熱能，會令米漿的味道有機會轉變了。

4 搓糕前先確定麵種合格，否則沒有優質麵種，直接影響到糕身的質感和味道。

5 發酵的溫度是這糕的關鍵，溫度太高和太低，都做不到理想糕質和味道。

"橫紋"和"直紋"的出現，來自蒸糕時，面火與底火相互之間交流，下面的底火向上攀升，回流的面火讓面層的粉漿表面熟度伸延，兩方的火力同時傾向比較重糖的糕漿那處逐漸伸延，到了最後，糕身的中間位置就會因兩股熱力抗衡，遂而出現一條疑似排氣的氣孔，待中間熟了，糕內的氣體就從中間的氣孔出來。

[材料]

粘米漿............900克
麵種...............113克
沙糖...............900克
清水...............675克
鹼水..................少許
泡打粉.............11克

米漿：
粘米...............900克
清水...............900克

[原來是這樣做]

發酵麵種：先將粘米漿、麵種和溫水150克搓勻，置一旁待糕種發酵12小時。

米漿：
米浸清水約6小時，洗淨後用攪拌機磨成幼滑，轉放布袋，盛起後綁好袋口，再用重物壓6小時，待水份流失，便可取乾濕米漿。

搓糕：
用餘下溫水與沙糖一同搓至融和，加入已發酵麵種混合搓勻，蓋上保鮮紙，置放在室溫30℃的地方下存放，再次發酵10-12小時。

蒸糕：
用白洋布墊放在糕盆下，倒進糕漿，以大火蒸約20分鐘，便成。

油炸鬼

廣州人稱“油條”為“油炸鬼”。油炸鬼送白粥是廣州人早餐必備的食品。粵人很喜歡用油炸鬼送魚片粥、及第粥等。為什麼廣州人將“油條”叫做“油炸鬼”呢？這有一段佚聞：

油條是我國老百姓的傳統小吃，相傳最早是由臨安人——南宋的杭州人做出來的，當時奸臣秦檜主和投降金兵將岳飛召回京城後，以“莫須有”罪將其陷害，後岳飛死在風波亭裏，因而老百姓無不對秦檜夫婦恨之入骨。

當時眾安橋下有兩個相鄰的小吃攤，一家叫王二，買芝麻蔥燒餅，一家叫李四，賣油炸糯米團。一天，二人閒談中説起秦檜夫婦的惡行，氣得咬牙切齒，怒氣難消。王二就在案板上抓起兩個麵疙瘩，捏成兩個麵人：一個是吊眉毛的大漢，一個是翹嘴巴的女人，然後提起切麵刀，先往大漢脖子上橫切一刀，又在那女人的肚皮上豎切一刀。李四餘怒未消，就把油鍋端來，把兩個麵人面對面地黏在一起，丟進油鍋裏，炸得吱吱作響，並且大聲招呼過往的行人來看，稱之為“油炸檜”，這就是最初的油條。後來，“油炸檜”傳到廣州。廣州話“檜”與“鬼”的字音相近，所以，廣州人就將“油炸檜”叫成“油炸鬼”，從此，“油炸鬼”便流傳開來了。

1 稀麵種從初種而來，預先用麵粉600克與清水675克調合融和，放在有蓋的器皿置溫暖地方靜待20小時，出現流瀉稀鬆的狀態，質感可流動而呈現蜂巢狀的大氣孔，取出300克的初種，調入600克麵粉和清水600克拌勻，待20小時，狀呈流動帶韌度的稀溜溜似的狀態，就是稀麵種。

2 留種的比例，300克麵種配各600克的清水和麵粉，搓勻留待明天使用，麵種越久，發麵也越好。

3 麵糰含強筋性，不要預先拉長麵糰，下鍋時才拉麵，效果好而不回縮。

4 昔日，舊式做炸麵，會加入白礬，讓炸麵變酥脆，但現今香港特區政府因衛生原因而禁用，所以現時的炸麵沒有以前的酥脆。

有中國人的地方就有炸麵，無論廣東人吃粥，北方人喝豆漿都會派上用場，它除了是伴食佳品，也有入饌如廣東小炒——鬼馬牛肉，早餐美食——炸倆，順德經典美食——蒸魚腸，總少不了它的存在。台灣炸麵，外脆內軟，但其色澤淡黃，可能與炸油和各地標準不同，個子小而短；加拿大炸麵則外表非常脆而不會油淋淋，但具有濃濃的麥子香，這可與其本土麵粉特質有關；上海的炸麵，外表很脆而清爽，氣孔頗大，又含有其獨特的小麥香味，比加拿大的炸麵，味道略淡，可能用了中國北方的小麥有關，至於香港的炸麵，隨着成本控制，人才凋零，有些店舖的出品，只得外表脆但沒有內軟的質感，有些則是"隔夜油炸鬼"，軟塌塌，沒有昔日的風味。

[材料]

高筋麵粉……450克
麵粉……150克
臭粉……8克
食粉……8克
稀麵種……225克
鹼水……0.8克
鹽……19克
清水……338克

[原來是這樣做]

1. 把所有材料混合搓揉成軟滑粉糰，置一旁發酵1.5小時。
2. 燒油一鍋，待油溫燒至八成滾，溫度約170℃。
3. 麵糰搓揉數次，期間可灑點麵粉作粉培，碾長，用刀切成小麵條長約15厘米，重約113克，中間則用刀背按壓一條紋理，拉長。
4. 將麵條放入油鑊中，炸至膨脹和變金黃。
5. 取出炸麵，瀝油便可。

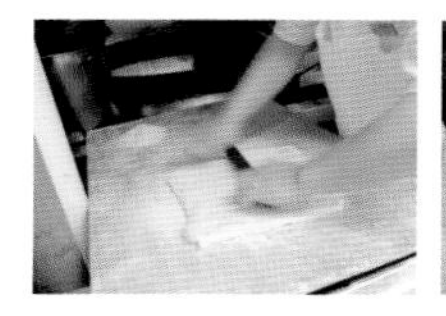

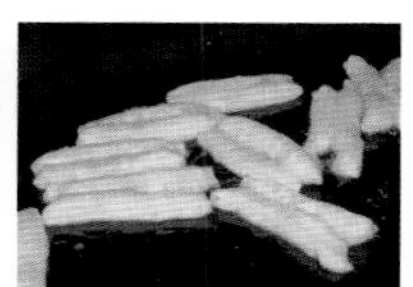

發酵麵種 ▶ 搓勻材料 ▶ 待發酵 ▶ 切割 ▶ 油炸

菜式點評：
幼滑如絲，光滑如鏡，潔白甜美，入口即溶，薑汁與奶互相輝映

沙灣薑埋奶

“沙灣薑埋奶”是番禺享有盛譽的美食。很多番禺籍的港澳鄉親，在回鄉省親時，特意到沙灣品嘗這款鄉間美食。

“沙灣薑埋奶”的出品，據説有一段故事。在100多年前，沙灣有一戶貧窮農家，媳婦十分孝順婆婆。但婆婆年老體弱，終日被咳嗽所困擾，因無錢治病，其媳婦便想出一個辦法，用生薑磨汁為她止咳，老婦吃後果然咳嗽大減。一日婆婆又咳又餓，其媳婦在煮薑汁時，乾脆將一碗牛奶倒入載有薑汁的碗內，過了一兩分鐘後，打算拿給老人家食用時，發現牛奶已凝固。但老人家吃後覺得又好吃又止咳，問媳婦如何製作的？媳婦説今日的做法是薑汁放在碗底後，再將燒開後的牛奶撞入碗內，怎料過了不久牛奶就凝固變成燉蛋的樣子了。“沙灣薑埋奶”就是這樣巧合而成的。後來通過沙灣有個叫李九的人流傳於世，他利用薑埋奶的獨特製作方法以及以沙灣優質的水牛奶作原料，在廣州市海珠南路開設“李九記”牛奶甜品店，將沙灣人特有的薑埋奶，窩蛋奶、蛋奶糊等鄉間美食在廣州流傳開來。因而，“沙灣薑埋奶”就此名聲在外了。

如果各位讀者想品嚐到正宗的“沙灣薑埋奶”，可到番禺沙灣沁芳園甜品店便可品到其珍。

[材料]

水牛奶／
全脂牛奶........500毫升
沙糖 30克
鮮榨老薑汁.......30克

1 水牛奶或全脂牛奶含豐富脂肪，口感豐盈，密度高，奶質綿密兼濃稠，最適合撞牛奶。中國的蒙牛牌、日本的3.6北海道牛乳、香港的十字牌純牛奶，甚至是濃厚的豆漿也可以嘗試選用，但需要試做一下，確保奶質適合。

2 薑汁不能預先榨取，否則薑的澱粉會因過早取出而走味。

3 新薑的薑汁的澱粉含量不足，所以宜選老薑，但太老的薑就有根多少汁的弊病，宜小心選取。

4 煮牛奶的溫度亦是撞奶成敗的關鍵，最適合的溫度約75℃左右。高溫或低溫也會招致失敗。

5 撞奶時要一氣呵成，利用衝力使薑汁的澱粉沖起而與牛奶結合。

6 撞奶後不要亂動，令牛奶與薑澱粉不能結合。

鮮奶的味道甜香、細緻、均衡，其甜味來自乳糖，而鹹味則產生自礦物質，偶有點微酸。不過溫和香味的牛奶源自其短鏈脂肪酸，即丁酸及癸酸，令飽和的牛奶脂肪於37℃的溫度下呈液態，由於脂肪酸的體積很小，易於蒸散在空氣中，繼而進入鼻子，產生一種令人不喜的味道。但話說回來，鮮乳的基本風味直接受到動物飼料的影響，諸如乾草香青貯飼料缺乏脂肪與蛋白質，反而能製造出一種較平淡溫和的乳酪香味，加上新鮮的牧草則含有清甜覆盆子的氣味，它是長鏈不飽和脂肪酸的衍生物。所以在鮮奶裡能享受不同的風味。

[原來是這樣做]

1. 牛奶和沙糖倒進煲內加熱至溫度達75℃。
2. 備兩小碗，放進薑汁拌勻。
3. 沖入熱牛奶，勿動，待牛奶凝固，需時約2分鐘便可。

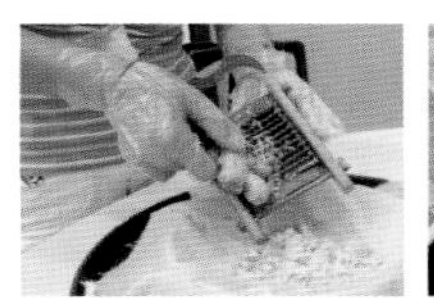

煲牛奶 ▶ 磨薑汁 ▶ 牛奶撞入薑汁 ▶ 停放2分鐘

菜式點評：
脆粉條酥脆中空，入口即化，密度適粗幼均一，糖膠剛好全包脆粉條，整體色澤金黃均勻，不能老火或老色，細嚼下有淡淡蛋香，整體表現色鮮、甘香、酥脆、甜而不膩、糖膠挺而不瀉

薩騎馬的傳說

薩騎馬是廣州的點心名食。然而，它的名字卻很古怪。因此，關於它的得名説法很多。以下是在西關流傳的一種説法：

相傳在清嘉慶時，廣州有一個老漢，少時曾學做糕點，後在一間叫“瑞如”的茶樓做點心師。到了晚年，老漢離開“瑞如樓”，回家自己做點心賣。

當時，老漢做出了一種點心，用蛋麵搓成條狀油炸後與糖膠合製而成，色澤金黃晶亮，入口甜而鬆化，又不黏牙。老漢將其沿街擺賣，一時生意很好。不少客人試過後就天天來買，並問老漢這種點心叫什麼名字。老漢只是一笑便算答過。

原來老漢當時只想到做點買賣，尚未想到取名。

一天，老漢沿街挑賣，賣到近午時，忽然天陰沉起來，眼看就要下雨。老漢於是將擔子挑到一大戶人家門口。不久有人認得老漢，便掏錢來買點心，老漢也就順便在這門前賣了起來。

不料剛賣出三五件，一個人騎着一匹高頭大馬來到門前。他一下馬，見老漢在其門口擺賣小點，立刻怒瞪雙目，豎起橫眉，不分青紅皂白，伸腳將老漢的點心踢到路邊。跟着又將老漢狠狠責罵了一番。

這時，天“轟”一聲下起了傾盆大雨，那人牽馬敲門進去了。可憐老漢一擔糕點轉眼就要損失殆盡。

老漢眼見糕點落地不能賣了，但心裏仍捨不得被雨水沖掉，於是一邊俯身將點心撿起，一邊咒罵那人説："殺騎馬，殺騎馬。"

老漢給這種甜品取了個名字叫"薩騎馬"，暗寓"殺騎馬"之意。

由於"薩騎馬"這種點心人見人愛，"殺騎馬"一事也就被傳得無人不曉。

據説，到了清宣統時，不少名人食客總覺得此品色、香、味、形皆妙，只有名字古怪，曾幾度雅集想改其名；但改來改去又總未改出一個合適的名字來。而賣的人只要將此品名一改，立刻便銷路變淡。於是只好一切照舊。

"薩騎馬"這一名稱成為廣州地區家喻戶曉的民間美食。

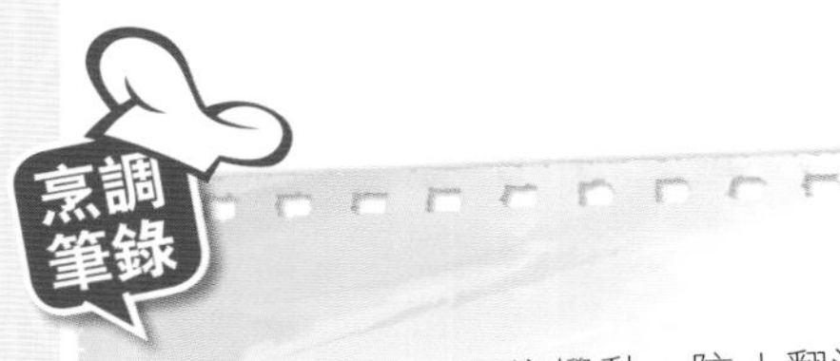

1. 煮糖膠時，忌不停攪動，防止翻沙，可加點檸檬汁或白醋以平衡酸鹼度。
2. 用清水試糖，可因應其表現如很快流入散開，糖膠的溫度太低；放入糖膠後立即凝固，溫度太高，糖膠變太硬，應以慢慢下沉，糖珠凝結帶點韌度，圓渾的珠粒形。
3. 臭粉能令薩琪瑪有爆裂、鬆化和膨膠的質感。但份量不要下太多，它會令製品的味道不討喜，產生一種阿摩尼亞味道，有如臭渠的異味。
4. 馬仔上糖，注要壓入器皿時，不能太緊或太鬆，太緊會令製品死實，沒有入口即化的感覺；力度太鬆，一切就散，潰不成軍。

它是廣州百年老店“惠如樓”的經典點心，亦是香港茶樓的人氣美點，不過它不被叫薩琪瑪，而是叫作“馬仔”。值得一提，這款點心必須運用高筋麵粉，含豐富蛋白質，筋性超強，韌度十足，經油炸後的粉條很酥脆，加上與大量雞蛋和少許臭粉混合，粉條特別香脆，入口即化，但不宜用手搓揉碾薄，因為會花費很大加氣，這由於它的韌度強而其回彈力相對亦強，所以現在會以機器取代。

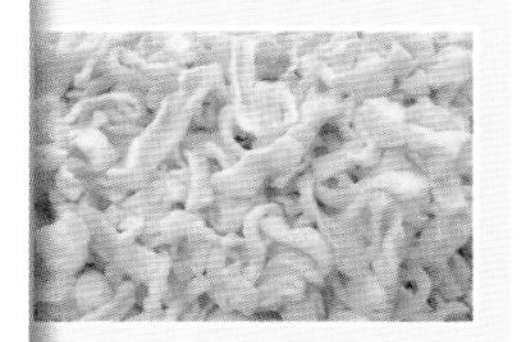

[材料]

欖仁 75克
椰茸 ... 適量，作粉培
炒香芝麻 ....適量

脆粉麵糰：
重筋麵粉 600克
雞蛋 12隻
生油 38克
臭粉 11克

糖膠：
沙糖 600克
粟膠 600克
清水 600克

[原來是這樣做]

1. 糖膠材料同放煲中以慢火煮至起膠，滴於水中能凝固而不散開。
2. 粉糰材料同放攪拌機中，以慢速混合，改以中速攪成幼滑粉糰，取出後用碾麵機過薄，重複數次，然後用木棍捲起粉皮，再用刀切開，接着細切成長條狀。
3. 燒油一鍋至八成滾，放入麵條，炸至膨脹酥脆，取出瀝油。
4. 脆粉條、芝麻和欖仁拌勻，倒入糖膠，快手攪勻。
5. 在四方糕盤中灑上椰茸，放入脆粉條，壓實，定形切件。

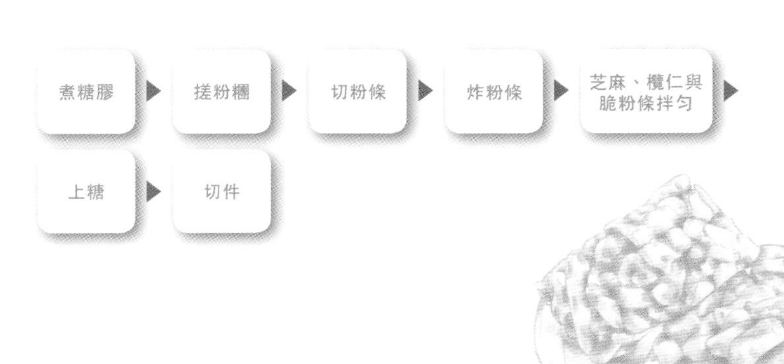

菜式點評：
形態自然，不規則，色澤金黃、餡料韌度足，仍保持細緻幼滑的質感，整體味道豐厚複雜，南乳味道濃郁

雞仔餅

廣州河南成珠樓是在清朝乾隆年間開張的一間茶樓。相傳到了咸豐年間，廣州河南有潘、盧、周、葉、伍的五大豪紳。成珠樓是由這五大家族之一的伍紫垣經營。他家中有一個婢女，名叫小鳳，是順德籍人，生得娥眉鳳目，聰明能幹，心靈手巧，很受主人的喜愛。每當茶樓師傅下廚製作點心或煮炒菜餚，小鳳便留心在旁看着，暗暗偷師。日子久了，她也逐漸學會一些廚道。

咸豐五年舊曆八月，時值中秋。有一天，伍紫垣的家裏來了幾個客人，賓主坐下，送茶遞煙寒暄一番之後，主人便叫下人端上點心待客。適巧家中沒備點心，家廚又外出未歸，當着貴客的面，伍紫垣不知如何是好。忽見小鳳在旁站立，忙叫小鳳下廚作一款點心以應急。

小鳳下廚靈機一動，把家中常儲存的惠州梅菜連同五仁月餅餡搓在一起，加上胡椒粉做成蛋形的小餅，烤脆，送上客人品嘗。小餅入口，其味獨特，又香又脆，客人嘖嘖稱讚，問道：此餅叫何名？別有風味，我從來未嘗過。

主人笑望着小鳳，心裏暗自高興，隨口説：小鳳餅。

此後，小鳳餅就成為伍家招待客人的常備點心了。

“小鳳餅”又經成珠樓的廚師不斷加工改進，逐漸定型，並行銷海內外。由於廣東人常稱“雞”為“鳳”，因而其商標以一小雞為商標圖案。故此，後來人們通稱為“雞仔餅”了。

烹調筆錄

1. 冰肉是把豬膘肉，即豬扒上的一層肥肉蒸熟，然後用玫瑰露酒和沙糖醃一夜，待沙糖入味的爽脆甜美的肥豬肉。
2. 豬扒上的脂肪層，肉質爽脆，形態優美，許多烘焙甜點都愛用作餡料，愛其味道清新、爽脆、不肥不膩。
3. 此餅食的糖份和南乳成份很高，容易烘焦，所以掌爐者必須小心行事。

美食札記

下欄材料做餅食，屬於草根粗食，無需講求製品造型，但求味道甘香豐盈，隨手擠壓捏形，注重味道的香濃和餡料的味道層次變化，鹹香味濃，可口美味就算了。

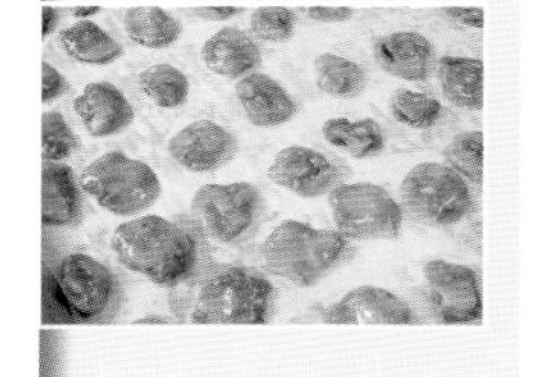

[材料]

皮麵糰：

麵粉	300克
麥芽糖	75克
沙糖	75克
生油	75克
雞蛋	75克
清水	適量

餡：

蒜茸	19克
乾葱	19克
南乳	1塊
冰肉粒	600克
炒香芝麻	150克
糕粉	225克
麥芽糖	75克
玫瑰露酒	1茶匙
清水	225克
生油	75克

[原來是這樣做]

1. 皮麵糰的材料混合，攪拌機以慢速搓揉成幼滑粉糰。
2. 餡料拌勻，放冰箱雪30分鐘，備用。
3. 把麵糰搓長，分成小糰，每小粉糰重11克，包入餡料11克，收口，按扁，放入已灑粉的焗盤。
4. 焗爐預熱至180℃，放入雞仔餅，面掃蛋液，烘焗約20分鐘，如覺面色不足，可在中途掃蛋，至全製品呈金黃色。

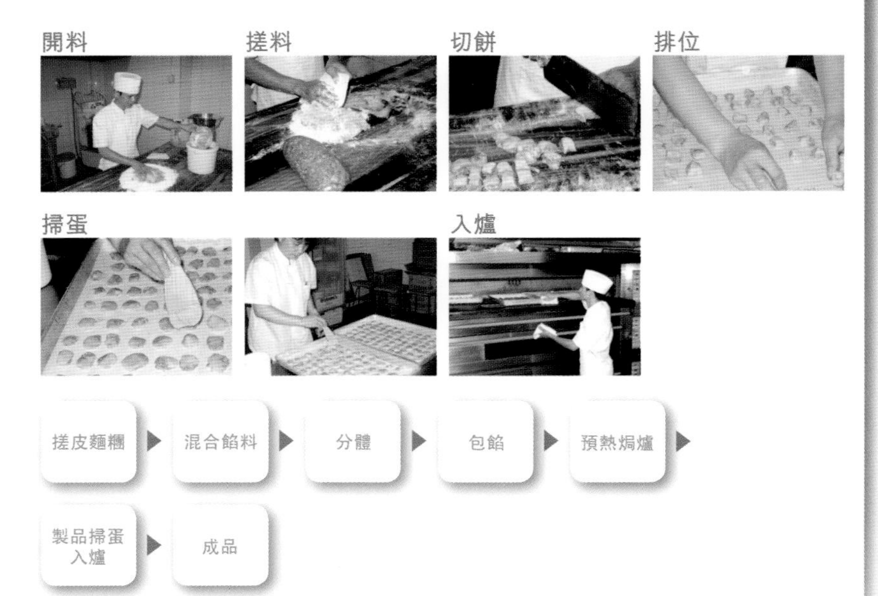

九層糕

九層糕是羊城著名的風味糕點之一。據説早在五代十國時期，類似糕點就已經出現，那時稱八珍雲片糕。五代時，雲英玉杆搗玄霜的故事，其中記錄了仙家一種珍美靈妙的糕點，便是八種稀世珍物烹製而成。《清異錄》的作者即大學士陶谷在鄭文寶處吃過一種八珍雲片糕，是用荸薺、百合、蓮藕、菱角、芋頭、雞頭米等蒸熟爛後再搗成泥狀，加白糖和蜜糖入鍋蒸為團塊狀，取出晾乾，切成塊便可食用。陶穀讚此物味美，稱食之口齒生香。清朝乾隆年間傳到廣州。後來，經過廣州的廚師加以改進，採用荸薺(馬蹄)粉製作粉漿，並添加各種甜味料，一層一層地蒸製，共蒸九層，製成糯軟香甜的糕品，別有風味，人們稱 "九層糕"。在廣州，九層糕不但是老幼皆宜的美食，而且是饋贈親友的佳品，更有步步高升，興旺發達的寓意，因此"九層糕"譽滿省港澳，成為岑南美食。

1 粉漿要確保幼細，沒有粉粒，糕質才能幼滑。

2 每層粉漿需要用同一份量，否則會厚薄不同，不夠勻稱。

3 蒸糕時要確定上回的糕已熟透變色，才可以下第二層糕漿。

4 蒸好的九層糕要凍透後方可切件，否則非常黐刀。建議用保鮮紙包着刀子直切，然後逐件用保紙包裹好，方便食用。

九層糕的做法多變，客家的九層糕用粘米粉為漿，現時的食肆有採用印尼或東南亞做法，以木薯粉和椰汁為主料，用斑蘭葉作色糕，風味獨特，色澤艷麗又味道天然，更有清熱的療效。因為是逐層蒸糕，所以糕身軟，就算時間久放，都不會有變硬的壞處。甚至可置室溫下久放而不變壞，可以預先一天製造待翌日奉客。

西式的九層糕，用魚膠作凝固劑，做法相似，但只需把材料混合攪拌，不用蒸而只作冷凝，是夏日消暑涼品。

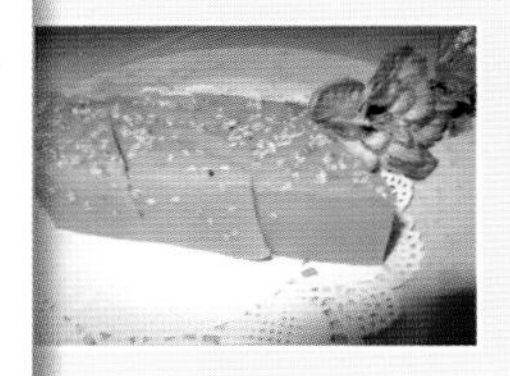

[材料]

開邊綠豆........160克
滾水...........400毫升
砂糖................320克
鹽...................½茶匙
清水...........800毫升
椰漿...........400毫升
木薯粉............500克
食用棕色色素.....⅓茶匙

[原來是這樣做]

1. 綠豆洗淨後浸在水裡泡4小時，取出瀝乾，上蒸籠以大火蒸20分鐘，蓋好備用。
2. 糖、鹽加清水同放煲內煮融，離火，拌入椰漿。
3. 木薯粉放大碗中，沖入暖椰漿水拌至幼滑粉漿，隔篩備用。
4. 倒出其中540毫升粉漿與豆蓉同放攪拌機內磨成豆蓉漿，用篩濾至幼滑，分成3份。
5. 將餘下粉漿加食用棕色色素調色，分成4份。
6. 預備一約20厘方糕盆掃油，先注入一份棕色粉漿，蓋好蒸6分鐘，注入一份豆蓉漿，再蒸6分鐘，如此類推，直至完成，最後一層是綠色粉漿，以中火再蒸10分鐘，取出，待凍透後方可切件。

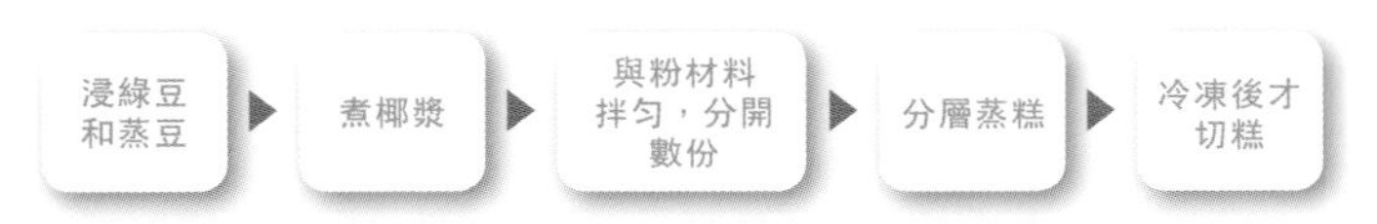

搵食索引

燒乳豬

香港：御苑皇宴(尖東麼地道帝國中心一樓，電話(852) 3962 1186)
　　　金漢宮(葵芳葵芳商場一樓，電話(852) 2408 2111)
　　　萬發海鮮火鍋菜館(九龍大角咀詩歌舞街，電話(852) 2386 6816)
　　　海洋超級漁港(荃灣荃灣城市中心5樓，電話(852) 2940 7836)
澳門：喜迎樓(澳門新濠天地，電話(853) 8868 6688)
　　　金悅軒(澳門宋玉生廣場，電話(853) 2828 2862)
廣東：大石鼓山莊(珠海市南屏北山)
　　　利苑酒家(廣州珠江新城)
　　　鳳城酒店(順德鳳城)
　　　番禺嘉禾酒家(番禺區迎賓大道，電話(020) 3481 3888)
　　　番禺幸福樓(番禺市橋，電話(020) 3481 388)
　　　番禺賓館(番禺市橋，電話(020) 8482 2127)

五柳魚

香港：二合餐廳小厨(沙田下徑口村)
　　　綠島茶餐廳小厨(上環水坑口街，電話(852) 2983 8883)
澳門：龍軒(澳門新濠大道二樓，電話(853) 8868 6636)
廣東：大順農莊(順德北窖三樂路)
　　　番禺寶墨園(番禺沙灣坭村，電話(020) 8478 666)
　　　廣州南園酒家(廣州海珠區前進路142號，電話(020) 8444 8380)

東江鹽焗雞

香港：泉章居(銅鑼灣銅鑼灣廣場1期，電話：(852) 2577 3833)
澳門：喜迎樓(澳門新濠大道一樓，電話(853) 8868 6636)
　　　新濠峰(氹仔廣東大馬路)
廣東：番禺幸福樓(番禺市橋，電話：(020) 3481 3888)
　　　東江飯店(廣州海珠廣場)
　　　廣鋼大厦餐廳(廣州芳村鶴洞大橋廣鋼大厦)

乞兒雞

香港：紫荊閣海鮮酒家 (電話：(852) 2656 8222)
　　　雲楊閣(尖沙咀美麗華商場4樓)

太爺雞

廣東：周生記飯店(廣州市文明路37號，電話(020) 8330 4591)
　　　番禺賓館(番禺市橋，電話(020) 8482 2127)

喜鳳凰芝麻雞

廣東：番禺賓館(番禺市橋，電話(020)8482 2127)
　　　番禺大廈(番禺市橋，電話(020) 8464 9357)
　　　金興酒家(番禺市橋市廣路)

脆皮雞

香港：鴻星海鮮酒家(尖沙咀彌敦道華源大廈，電話(852) 2628 0339)
　　　肇順名匯(香港銅鑼灣廣場二期，電話(852) 2572 6938)
　　　御苑皇宴(尖東麼地道帝國中心一樓，電話(852) 3962 1186)
　　　咪走雞燒味至尊小菜王(大埔安慈路昌運中心)
澳門：紫逸軒(澳門四季酒店，電話(853) 2881 8818)
　　　葡京8樓廳(澳門葡京酒店8樓)
廣東：廣州酒家(廣州荔灣大坦沙島紅樓路)
　　　廣州大同酒家(廣州西堤大馬路)
　　　廣州鏞記酒樓(廣州荔灣路97號5號樓，電話(020) 8125 1827)
　　　德福農莊(廣州海珠區小洲村)
　　　番禺賓館(番禺市橋，電話(020) 8482 2127)

食蟹

香港：橋底辣蟹(灣仔謝斐道，電話(852) 2834 6368，2628 0339)
　　　鴻星海鮮酒家(尖沙咀彌敦道華源大厦，電話(852) 2628 0339)
　　　稻香超級漁港(旺角雅蘭中心，電話(852) 2390 0882)
　　　頂好海鮮酒家(尖沙咀彌敦道90號地下，電話(852) 2366 5660)
　　　珍寶海鮮舫(香港仔港灣，電話(852) 2552 3331)
澳門：帝彩樓(氹仔廣東大馬路)
　　　龍軒(新灣大道二樓，電話(853) 8868 6636)
廣東：避風塘美食城(佛山桂城桂瀾東二路口)
　　　東園海鮮酒樓(順德樂從鎮三樂路)
　　　廣州一家蟹館(洛溪食街，電話(020) 3452 3998)

茨菇煮豬肉

香港：綠島茶餐廳小厨(上環水坑口街，電話(852) 2983 8883)

廣東：番禺彩鴻菜館（番禺市橋清河市場內，電話(020) 8462 5868）

韮菜炒蝦仁

香港：花園酒家（九龍彌敦道469號，電話(852) 2626 9908）
寶湖海鮮酒家（中環租庇利街，電話(852) 2850 6638）
陳誠記茶餐廳（九龍尖沙咀加拿芬道）
澳門：喜迎樓（澳門新濠天地，電話(853) 8868 6688）
廣東：向群飯店（廣州龍津東路）
碧桂園度假村（順德北窖鎮碧桂園）
妙趣餐廳（廣州市香格里拉大酒店）

乾隆皇與一品窩

香港：金漢宮（葵芳葵芳商場，電話(852) 2408 2111）
御苑皇宴（尖東麼地道帝國中心一樓，電話(852) 3962 1186）
廣東：番禺彩鴻菜館（番禺市橋清河市場內，電話(020) 8462 5868）
番禺格仔屋（番禺沙灣鎮，電話(020) 8473 8497）

佛跳墻

香港：御苑皇宴（尖東麼地道帝國中心一樓，電話(852) 3962 1186）
澳門：佛跳牆酒家（澳門十月初五街）
廣東：南國酒家（廣州海珠區）

五代同堂

廣東：番禺格仔屋（番禺沙灣鎮，電話(020) 8473 8497）

黃埔蛋

香港：金龍海鮮酒家（香港北角馬寶廣場，電話(852) 2561 8218）
澳門：龍軒（澳門氹仔新濠天地）
廣東：采苑酒家（廣州天河東百福廣場）

咕嚕肉

香港：御苑皇宴（尖東麼地道帝國中心一樓，電話(852) 3962 1186）
鴻星海鮮酒家（尖沙咀彌敦道華源大厦，電話(852) 2628 0339）
澳門：帝影樓（氹仔廣東大馬路）
廣東：香島酒家（廣州中山四路信德商務大厦）
四海一家（深圳華僑城益田假日廣場）

八寶豆腐煲

香港：綠島茶餐廳小厨（上環水坑口街，電話(852) 2983 8883）
澳門：喜迎樓（澳門新濠天地）
廣東：番禺幸福樓（番禺市橋）

大少奶唔食芽菜蕹

廣東：番禺格仔屋（番禺沙灣鎮，電話(020) 8473 8497）

黃鱔揖飯

廣東：魚米之鄉（番禺市橋）
番禺成記海鮮酒樓（番禺南村番禺大道，電話(020) 8456 388）

瓦罉禮雲飯

廣東：魚米之鄉（番禺市橋）
腰記（番禺化龍鎮）

清香荷葉飯

香港：御苑皇宴（尖東麼地道帝國中心一樓，電話(852) 3962 1186）
澳門：喜迎樓（澳門新濠天地）
廣東：四海一品（廣州番禺洛浦街五洲裝飾城）

細蘇炒田螺

廣東：番禺格仔屋（番禺沙灣鎮，電話(020) 8473 8497）
荔灣美食街（廣州荔枝灣）

西洋菜

香港：御苑皇宴（尖東麼地道帝國中心一樓，電話(852) 3962 1186）
海洋超級漁港（荃灣泉安街荃灣城市中心）
叙福小館（九龍黃大仙中心，電話(852) 23277118）
澳門：喜迎樓（澳門新濠天地）
廣東：四海一品（廣州番禺洛蒲街五洲裝飾城）
番禺彩鴻菜館（番禺市橋清河市場內，電話(020) 8462 5868）

蕭崗柳葉菜心

廣州市區食肆酒樓均可品嚐

娥姐粉果

香港：新都會大酒樓（北角英皇道438號，電話(852) 2563 0222）
廣東：廣州泮溪酒家（廣州荔灣路）

薄皮蝦餃
香港：御苑皇宴（尖東麼地道帝國中心一樓，電話(852) 3962 1186）
澳門：龍軒（澳門氹仔新濠天地）
澳門：喜迎樓（澳門新濠大道，電話(853) 8868 6636）
廣東：南園酒家（廣州海珠區前進路）
廣東：宴薈（廣州人民中路美國銀行中心，電話(020) 8130 0638）

雞仔餅
香港：鳳城酒家（上環安泰街7號，電話(852) 2815 8689）
香港：大榮華酒樓（新界元朗）
澳門：祐記（澳門紅街市）
廣東：成珠酒家（廣州海珠區）

九層糕
香港：富臨酒家（灣仔駱克道熙華大廈）
廣東：宴薈（廣州人民中路美國銀行中心，電話(020) 8130 0638）
沁芳園（番禺沙灣鎮中華大道，電話(020) 8481 2171）

白糖倫教糕
遠東：大良民信老店（順德大良區華蓋路）
倫教糕（順德倫教北海管理區大道北）
番禺大廈（番禺市橋，電話(020) 8464 9357）

明火白粥
香港：好好粥麵（沙田新城市廣場，電話(852) 269 21565）
澳門：陳勝記（澳門路環華奴街，電話(853) 2888 2021）
澳門：喜迎樓（澳門新濠大道，電話(853) 8868 6636）
廣東：空中一號（廣州珠江新城華夏路一號信合大廈，電話(202) 3785 7111）

炒河粉
香港：綠島茶餐廳小厨（上環水坑口街，電話(852) 2983 8883）
敍福樓小厨（九龍黃大仙）
澳門：喜迎樓（澳門新濠天地）
廣東：黃但記（順德陳村舊鎮）
沙河大酒店（廣州市白雲區沙河大街）

點心
香港：蓮香樓（中環威靈頓街，電話(852) 2544 4556）
富臨飯店（銅鑼灣駱克道，電話(852) 2869 8282）
澳門：喜迎樓（澳門新濠天地）
廣東：廣州泮溪酒家（廣州荔灣路）

沙灣薑埋奶
廣東：沁芳園（番禺沙灣鎮中華大道，電話(020) 8481 2171）
番禺寶墨園（番禺沙灣坭村，電話(020) 8478 666）

薩騎馬的傳説
廣東：番禺賓館（廣州番禺市橋，電話(020) 8482 2127）
荔灣美食街（廣州荔枝灣）

油炸鬼
香港：好好粥麵（沙田新城市廣場，電話(852) 2692 1565）
澳門：三元粥品（福隆下街，電話(853) 2857 3171）
廣東：伍湛記（廣州荔灣龍津中路，電話(020) 8195 6313）
丹桂軒（深圳羅湖商業城）

狀元及第粥
香港：好好粥麵（沙田新城市廣場，電話(852) 2692 1565）
澳門：三元粥品（福隆下街）
陳勝記（澳門路環華奴街，電話(853) 2888 2021）
廣東：伍湛記（廣州荔灣龍津中路）

伊東綬與伊麵
香港：西苑酒家（香港太古城中心，電話(852) 2885 4478）
御苑皇宴（尖東麼地道帝國中心一樓，電話(852) 3962 1186）
澳門：龍軒（澳門氹仔新濠天地）
喜迎樓（澳門新濠大道，電話(853) 8868 6636）

包子
香港：陸羽茶樓（中環士丹利街，電話(852) 2528 5463）
廣東：番禺賓館（廣州番禺市橋，電話(020) 8482 2127）

後記

“食在廣州”這已是世人皆知的行諺。俗語云：“一方水土養一方人”，一處地方總有自己獨特的文化和歷史。廣府人飲食風尚別具特色。廣州人的一日三餐，食品繁多博雜，款式新穎，量少而精，追求清而不淡，鮮而不俗，嫩而不生，油而不膩的口感，從而把粵菜推至“精極入聖”的境界。粵菜博大精深，從鄉間的“私房菜”，到酒樓食肆的美味佳餚都流傳着不少趣聞及故事，形成廣府飲食文化的一個美麗華章。筆者是個好食之徒，嗜好搜集、挖掘、整理民間各類的典故、趣聞。《嶺南美食傳奇》一書，是筆者多年來尋覓的民間飲食文化的部分資料。編寫該書時，還參考了《中華美食文化》、《廣州舊事》、《西關風味趣聞》、《鄉事隨談》等典籍、文獻。得到梁代群、胡松樂、張強、古耀堅、麥鑑潮、馮達漢、黃悦、陳柱華、黎順榮、陳敏輝、蘇建華、徐九洋、程佑聰、吳璧芬等先生及曾惠莊女士的大力支持和幫助，並得到國際美食大師甄文達先生為該書作序，在此，表示衷心的致謝。此外，還要感謝萬里機構，給筆者提供一個能展示廣府美食文化的平臺，使《嶺南美食傳奇》一書有機會編輯出版問世。本人對飲食文化認識尚膚淺，僅作拋磚引玉而已！謬誤之處，懇請讀者及行尊指正。

梁謀

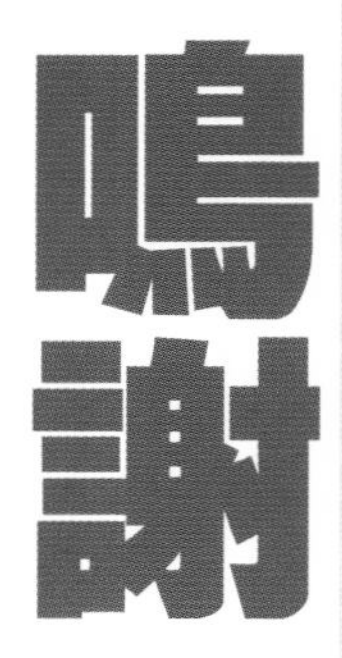

番禺賓館 (020) 8482 2127

番禺大廈 (020) 8464 9357

番禺嘉禾幸福樓 (020) 3481 3888

番禺格仔屋 (020) 8473 8497

番禺漁米之鄉 (020) 3999 1111

番禺成記海鮮酒樓 (020) 8456 388

番禺彩鴻菜館 (020) 8462 5868

沁芳園沙灣總店 (020) 8481 2171

番禺橫江乞兒雞 (020) 3481 1731

番禺洋毅畜牧有限公司 (020) 3482 2783

番禺寶墨園 (020) 8478 666

番禺蓮花山旅遊區 (020) 8486 1298

粵海度假村 (020) 8486 8788

御苑皇宴 (852) 39621186

鴻星集團